普通高等教育信息技术类系列教材

大学计算机与人工智能基础实训教程

（第三版）

主　编　何黎霞　刘波涛

副主编　王桃群　罗爱军　叶　青

科 学 出 版 社

北　京

内 容 简 介

本书是《大学计算机与人工智能基础》（第三版）（刘波涛、何黎霞、叶青主编，科学出版社出版）的配套实训指导教材，是对教学内容的必要补充。

本书以实际案例的形式介绍 Windows 11 的基本操作、Office 2016 办公基础与应用（包括 Word 文字处理、Excel 电子表格和 PowerPoint 演示文稿）、计算机网络、Access 数据库应用、Python 语言程序设计基础和人工智能基础等内容。

本书可作为普通高等学校非计算机专业学生的实验指导教材，也可作为计算机初学者的自学参考书。

图书在版编目（CIP）数据

大学计算机与人工智能基础实训教程 / 何黎霞，刘波涛主编. -- 3 版. 北京 ：科学出版社，2025. 8. --（普通高等教育信息技术类系列教材）. ISBN 978-7-03-081955-0

Ⅰ. TP3; TP18

中国国家版本馆 CIP 数据核字第 2025UM0902 号

责任编辑：戴 薇 吴超莉 / 责任校对：马英菊
责任印制：吕春珉 / 封面设计：东方人华平面设计部

科学出版社出版
北京东黄城根北街 16 号
邮政编码：100717
http://www.sciencep.com
三河市良远印务有限公司印刷
科学出版社发行　各地新华书店经销
*
2020 年 7 月第 一 版　2025 年 8 月第十五次印刷
2022 年 1 月第 二 版　开本：787×1092 1/16
2025 年 8 月第 三 版　印张：9
字数：209 000

定价：27.00 元

（如有印装质量问题，我社负责调换）

销售部电话 010-62136230　编辑部电话 010-62135319-2030

第三版前言

随着信息技术的飞速发展和智能化时代的到来，计算机技术已深度融入社会各领域并成为核心驱动力。掌握计算机技术不仅是专业人员的必备技能，更是非专业人员提升工作效率、实现创新发展的重要工具。对非计算机专业的学生来说，与时俱进地掌握计算机前沿技术尤为迫切，以便将计算机技术更好地应用在日常的学习、研究和工作中。

本书是《大学计算机与人工智能基础》（第三版）（刘波涛、何黎霞、叶青主编，科学出版社出版）的配套实训指导教材。书中的案例由浅入深、注重应用、步骤清晰，其目的是加强上机操作能力的培养和锻炼。

全书分为 6 章，共 29 个任务，每个任务包括若干子任务。其中，第 1 章 Windows 11 的基本操作，包括 8 个任务；第 2 章 Office 2016 办公基础与应用，包括 9 个任务；第 3 章计算机网络，包括 5 个任务；第 4 章 Access 数据库应用，包括 3 个任务；第 5 章 Python 语言程序设计基础，包括 2 个任务；第 6 章人工智能基础，包括 2 个任务。本书在第二版的基础上将第 1 章内容升级为 Windows 11 操作系统实战，对第 5 章 Python 编程案例进行了全面更新，并增加了第 6 章人工智能基础的实验内容。

本书由何黎霞和刘波涛担任主编，王桃群、罗爱军和叶青担任副主编。具体编写分工如下：第 1 章由罗爱军和刘波涛编写，第 2 章、第 5 章由何黎霞编写，第 3 章由刘波涛编写，第 4 章由王桃群编写，第 6 章由叶青编写。全书由何黎霞统稿。

由于编者水平有限，书中难免有疏漏和不妥之处，敬请广大读者不吝赐教。

编　者

2025 年 4 月

第一版前言

随着计算机信息技术的发展和普及，计算机技术已经应用到社会的各个领域。不仅计算机专业人员需要学习计算机技术，非计算机专业人员也需要学习计算机技术，且后者更迫切于学习计算机的相关知识，以便将计算机技术更好地应用在日常的学习、研究和工作中。

本书是《大学计算机基础》（何黎霞、刘波涛主编，科学出版社出版）的配套实训指导教材。书中的案例由浅入深、注重应用、步骤清晰，并提供了所需素材，其目的是加强对学生上机操作能力的培养。

全书共分为 4 章。其中，第 1 章为 Windows 10 操作系统的基本操作，第 2 章为 Office 2016 办公基础与应用，第 3 章为计算机网络，第 4 章为 Access 数据库应用。本书附录部分针对全国计算机等级考试的要求，增加了二级 MS Office 公共基础模拟训练题和上机操作模拟训练题，并给出了相应的参考答案和操作提示。

本书由何黎霞和刘波涛担任主编，王桃群和李新玉担任副主编。具体编写分工如下：第 1 章由刘波涛和李新玉编写，第 2 章和附录由何黎霞编写，第 3 章由刘波涛和王桃群编写，第 4 章由王桃群编写。全书由何黎霞负责统稿。

由于编者水平有限，书中难免有疏漏和不妥之处，敬请广大读者不吝赐教。

目　　录

第 1 章　Windows 11 的基本操作 …… 1

1.1　Windows 11 操作方式 …… 1
1.2　Windows 11 桌面操作 …… 6
1.3　资源管理器的基本操作 …… 10
1.4　任务管理器 …… 15
1.5　控制面板 …… 18
1.6　输入法设置 …… 24
1.7　Windows 命令行终端 …… 28
1.8　计算机优化小技巧 …… 31

第 2 章　Office 2016 办公基础与应用 …… 38

2.1　设置个性化的工作环境 …… 38
2.2　制作通知 …… 42
2.3　图文混排 …… 45
2.4　制作课表 …… 48
2.5　论文排版 …… 52
2.6　单元格引用案例 …… 65
2.7　公式和函数应用案例 …… 68
2.8　数据管理与分析 …… 71
2.9　演示文稿的制作 …… 75

第 3 章　计算机网络 …… 78

3.1　Windows 系统网络命令 …… 78
3.2　Firefox 浏览器使用 …… 82
3.3　信息检索 …… 88
3.4　云盘 …… 92
3.5　静态网页设计 …… 93

第 4 章　Access 数据库应用 …… 96

4.1　创建图书管理数据库 …… 96
4.2　创建图书信息查询 …… 101
4.3　达梦数据库管理系统 DM8 的安装 …… 104

第 5 章 Python 语言程序设计基础 …… 111
5.1 顺序与分支结构 …… 111
5.2 循环结构 …… 114
第 6 章 人工智能基础 …… 117
6.1 手写数字识别 …… 117
6.2 猫狗目标检测 …… 126
参考文献 …… 134

第 1 章　Windows 11 的基本操作

1.1　Windows 11 操作方式

实验目的

（1）掌握鼠标的基本操作。
（2）掌握键盘的基本操作。
（3）掌握鼠标和键盘的组合操作。

实验内容

键盘和鼠标是计算机中必不可少的输入设备。用户通过键盘可以方便地将文字、数字、符号等数据输入计算机，并向计算机发出各种操作指令。随着 Windows 等图形界面操作系统的流行，鼠标变成了必需品，并且有些软件必须要安装鼠标才能运行。熟练掌握鼠标和键盘操作，能让用户使用计算机更加得心应手，大幅提高工作效率。

本节完成以下鼠标和键盘的操作实验。
（1）鼠标的基本操作。
（2）键盘的基本操作。
（3）鼠标和键盘的组合操作。

1.1.1　鼠标的基本操作

鼠标的常用操作有指向、单击、右击、拖曳、双击、滚动等，通过这些基本操作可以更好地控制计算机。

1. 鼠标的指向操作

移动鼠标指针到桌面“此电脑”图标上，并停留一段时间，此时会出现提示信息，如图 1-1 所示。

图 1-1　指向操作结果

图 1-2 右击操作

2. 鼠标的单击操作

移动鼠标指针到“此电脑”图标上，单击，图标周围会出现有底色的虚框。

3. 鼠标的右击操作

移动鼠标指针到“此电脑”图标上，右击，弹出快捷菜单，如图 1-2 所示。

4. 鼠标的拖曳操作

移动鼠标指针到“此电脑”图标上，按下鼠标左键并保持按下状态，移动鼠标，此时图标会呈现半透明状。

5. 鼠标的双击操作

移动鼠标指针到“此电脑”图标上，快速地连续按下鼠标左键两次，即可打开“此电脑”窗口。双击操作中两次单击之间的间隔长短，可以根据个人使用习惯在鼠标设置中进行调整。

6. 鼠标的滚动操作

鼠标中间的滚轮可以上下滚动，主要用于浏览内容较多的文档或网页时完成上下翻页的功能。打开网页浏览器进入人民网（www.people.com.cn）主页，如图 1-3 所示。

图 1-3 滚动操作前

滚动鼠标滚轮时，网页页面内容也会随之滚动，如图 1-4 所示。也可以通过按下鼠标左键拖曳浏览器窗口右侧的滚动条，实现网页内容上下翻页。

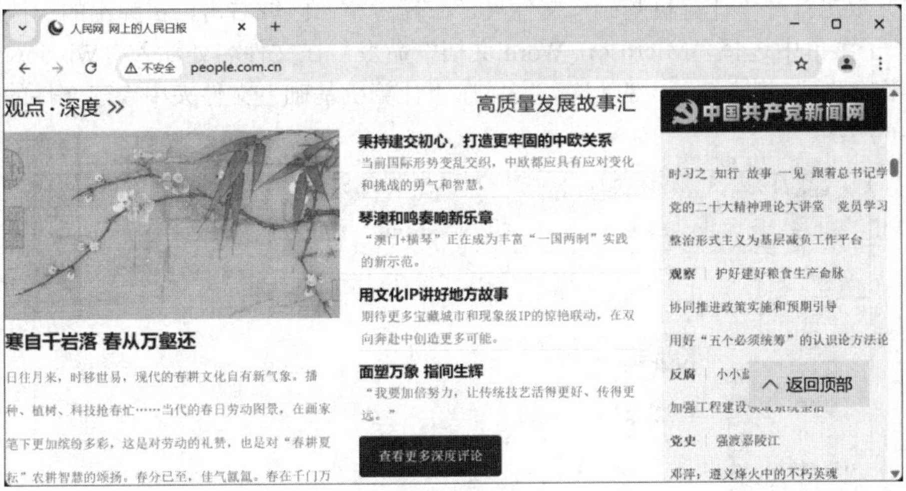

图 1-4　滚动操作后

此外，在文档或者网页中将鼠标滚轮按下，再向上或向下移动鼠标指针到合适的位置，就可以以适合的速度实现向上或向下自动滚动。

1.1.2　键盘的基本操作

键盘既可用于输入文字，也可利用其快捷键来操作计算机。下面通过一些案例来熟悉键盘的基本操作。

1. 创建目录和文件

（1）双击“此电脑”图标，在打开的窗口左侧窗格中依次单击展开“此电脑”“E 盘”，选择“Work”文件夹。

（2）在右侧窗格空白区域右击，在弹出的快捷菜单的“新建”子菜单中选择“文件夹”命令，并将新建的文件夹重命名为“计算机基础”，如图 1-5 所示。

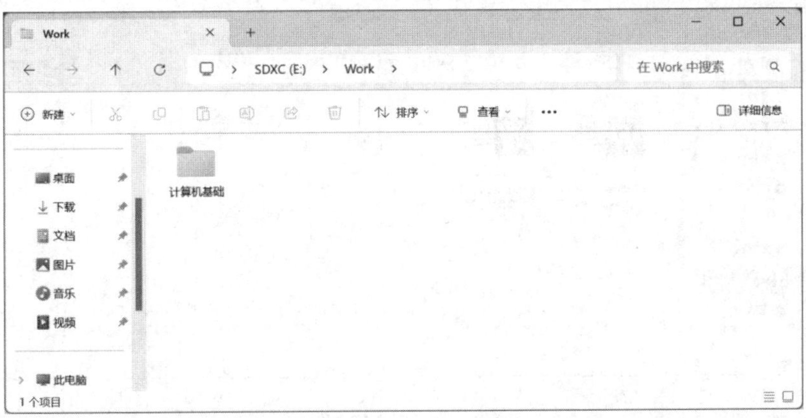

图 1-5　创建文件夹

（3）双击打开“计算机基础”文件夹，在任意空白区域右击，在弹出的快捷菜单的“新建”子菜单中选择“Microsoft Word 文档”命令，在文件名处输入“Windows 11 的基本操作.docx”并按 Enter 键确认，完成在“计算机基础”文件夹中新建文件的操作，如图 1-6 所示。

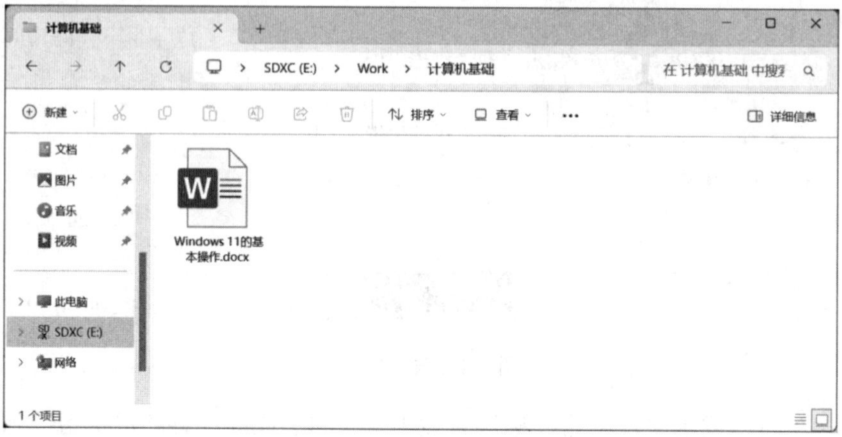

图 1-6 创建文件

（4）双击打开“Windows 11 的基本操作.docx”文件，通过键盘输入中英文字符、各类标点符号，熟悉键盘各部分的功能，然后保存文件并关闭。

2. 复制文件

（1）选择“Windows 11 的基本操作.docx”文件，然后按 Ctrl+C 组合键，可快速将选中的文件复制到剪贴板。

（2）在当前文件夹中，按 Ctrl+V 组合键，将剪贴板中的文件粘贴到当前位置。在当前文件夹中出现一个新的文件“Windows 11 的基本操作-副本.docx”，如图 1-7 所示。

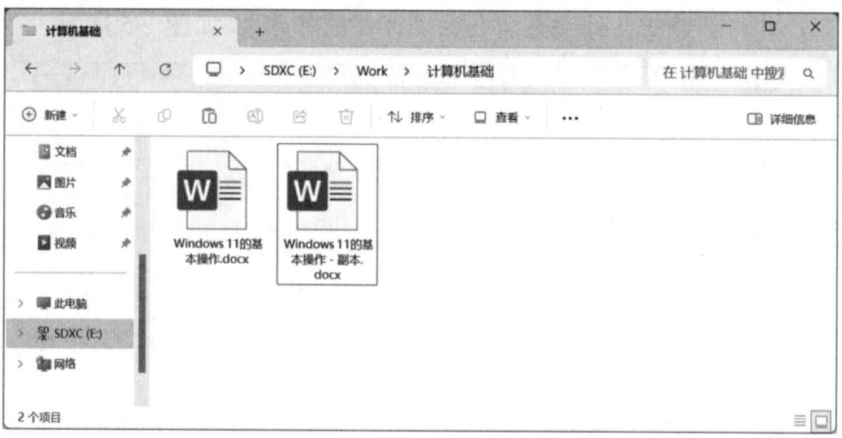

图 1-7 快捷键复制文件

1.1.3　鼠标和键盘的组合操作

使用鼠标和键盘组合可实现复制、移动文件和创建快捷方式等操作，下面以复制文件为例进行操作。

同时按住 Ctrl 键和鼠标左键，拖曳文件“Windows 11 的基本操作.docx”至空白处，如图 1-8 所示。

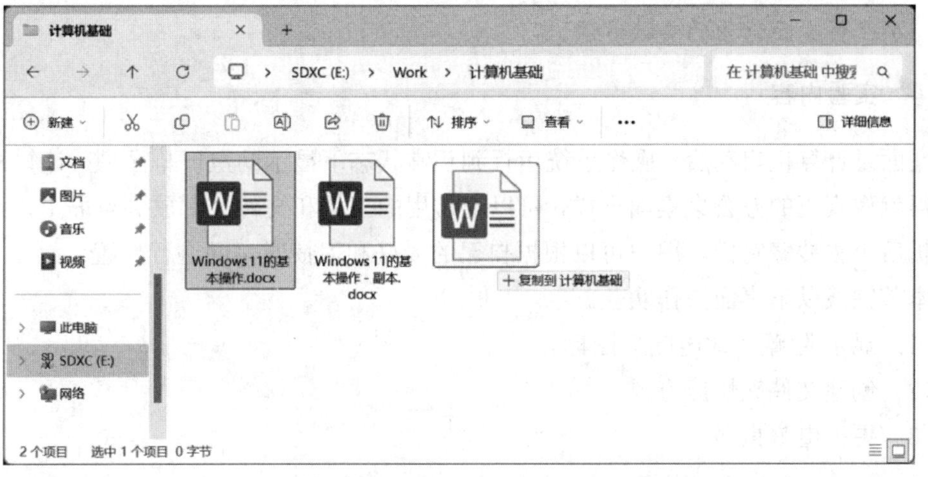

图 1-8　键盘鼠标组合操作复制文件

松开鼠标左键和 Ctrl 键，此时“计算机基础”文件夹中多了一个新的文件“Windows 11 的基本操作-副本(2).docx”，如图 1-9 所示。

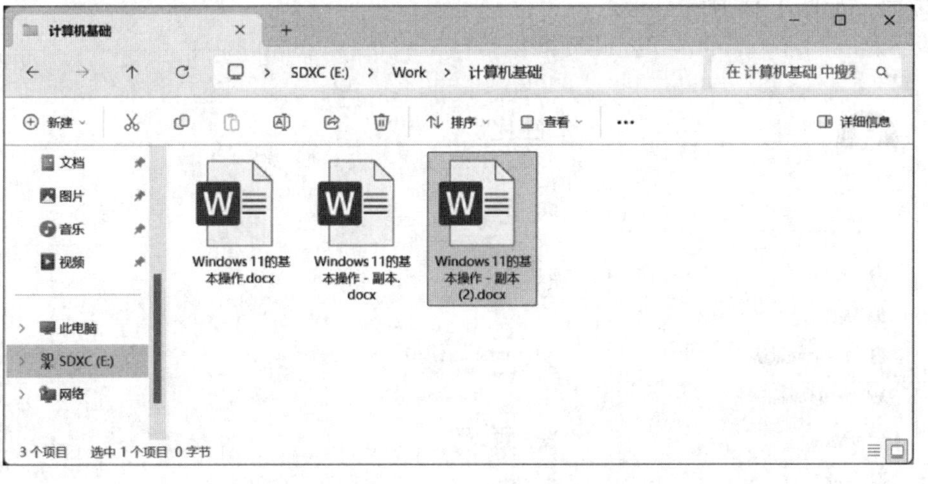

图 1-9　键盘鼠标组合操作复制文件结果

1.2 Windows 11 桌面操作

实验目的

（1）掌握桌面图标显示和隐藏的方法。

（2）掌握文件夹快捷方式的创建方法。

（3）了解桌面背景的更换方法。

实验内容

桌面是计算机启动后，操作系统运行到正常状态下显示的主屏幕区域。计算机屏幕布置得就像真正的办公桌桌面一样，可以把常用的工具和文件全都放到桌面上，不必每次开机后再去搜索它们。用户可以根据自己的爱好和习惯对桌面进行配置。

本节完成以下桌面操作实验。

（1）显示/隐藏“此电脑”图标。

（2）创建文件夹快捷方式。

（3）更换电脑桌面。

1.2.1 显示/隐藏“此电脑”图标

Windows 11 桌面上如果没有显示“此电脑”、“控制面板”和“回收站”等图标，是因为系统隐藏了这些图标，可以通过个性化设置将其显示出来。

（1）在桌面任意空白处右击，在弹出的快捷菜单中选择“个性化”命令，弹出“设置”窗口，如图 1-10 所示。

图 1-10 “设置”窗口

（2）在“设置”窗口的右侧窗格中选择“主题”选项，显示界面如图 1-11 所示。

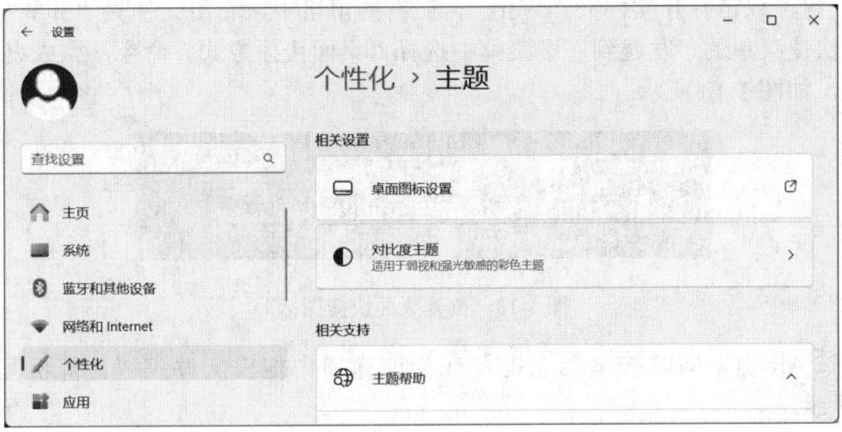

图 1-11　“主题”设置窗口

（3）单击“桌面图标设置”按钮，弹出“桌面图标设置”对话框，如图 1-12 所示。选中“计算机”复选框，单击“确定”按钮，即可在桌面显示“此电脑”图标。取消选中，则在桌面隐藏“此电脑”图标。

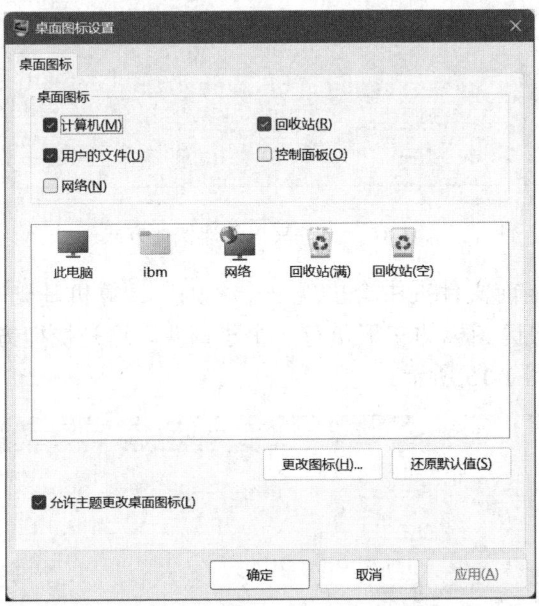

图 1-12　“桌面图标设置”对话框

1.2.2　创建文件夹快捷方式

对于一些常用的程序、文件或文件夹，可以在桌面或任何需要的位置为其创建快捷方式，达到快速启动的目的。下面分别为文件夹“计算机基础”在桌面和当前文件夹下创建快捷方式。

（1）文件夹“计算机基础”在 E:\Work 中，打开“此电脑”，在左侧窗格中单击驱动器“E”盘，双击打开文件夹“Work”。在右侧窗格中，右击文件夹“计算机基础”，在弹出的快捷菜单的“发送到”子菜单中选择“桌面快捷方式”命令，完成桌面快捷方式的创建，如图 1-13 所示。

图 1-13　创建桌面快捷图标

（2）按 Alt 键，同时按鼠标左键，在当前窗口内拖曳文件夹“计算机基础”，如图 1-14 所示。

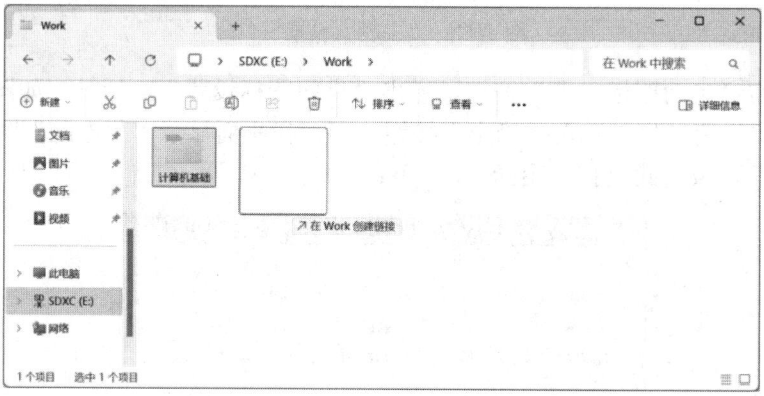

图 1-14　文件夹内创建快捷方式

释放鼠标后，在当前文件夹中会出现一个名为“计算机基础-快捷方式”的图标，仔细观察，可以发现快捷图标的左下角有一个小箭头，这是快捷方式与普通文件或者文件夹图标的区别，如图 1-15 所示。

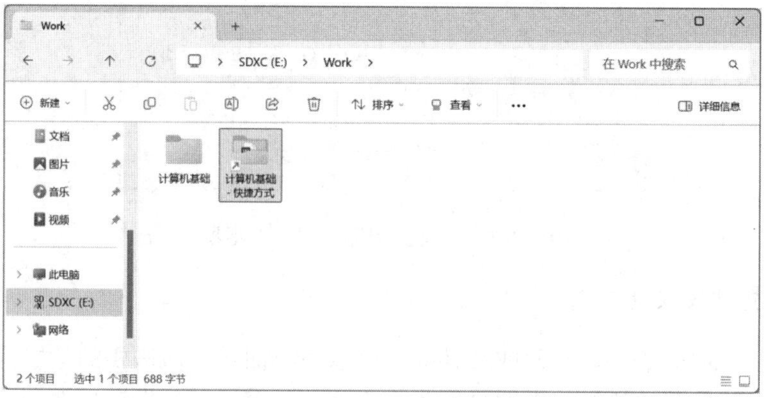

图 1-15　快捷方式与普通文件夹

1.2.3　更换桌面背景

用户可以根据个人习惯或心情设置桌面背景。

（1）在桌面空白处右击，在弹出的快捷菜单中选择“个性化”命令。

（2）在弹出的“设置”窗口中，选择“背景”选项。

（3）弹出的“背景”设置窗口如图 1-16 所示，单击“浏览照片”按钮。

图 1-16　“背景”设置窗口

（4）在弹出的“打开”对话框中，找到目标图片所在位置并选中，如图 1-17 所示。单击“选择图片”按钮，即可将选中的图片设置为当前计算机的桌面背景。

图 1-17　选择背景图片

1.3 资源管理器的基本操作

实验目的

（1）掌握操作对象的选取。
（2）掌握文件扩展名的显示和隐藏的方法。
（3）掌握文件统计信息的查看方法。
（4）掌握文件的查找方式。
（5）掌握文件及文件夹的查看方法。
（6）掌握磁盘间文件及文件夹的操作。

实验内容

文件“资源管理器”是 Windows 系统提供的资源管理工具，可以用它查看本计算机的所有资源，特别是其提供的树形文件系统结构，使用户能更清楚、更直观地认识计算机的文件和文件夹。在“资源管理器”中，还可以对文件进行各种操作，如选取、打开、复制、移动和删除等。

本节完成以下资源管理器相关操作实验。

（1）显示/隐藏文件扩展名。
（2）查看文件统计信息。
（3）复制、剪切和删除文件/文件夹。
（4）利用剪贴板截取屏幕。
（5）使用放大镜。
（6）磁盘碎片整理。

1.3.1 显示/隐藏文件扩展名

扩展名是Windows中用于标记文件类型的一种机制。在实际应用中，可以根据个人习惯将文件的扩展名设置为显示或隐藏。

（1）打开“资源管理器”窗口，单击“查看”按钮，在弹出的菜单中选择“显示”命令。

（2）在“显示”子菜单中，选中“文件扩展名”复选框，选中表示显示扩展名，取消选中表示隐藏扩展名，如图 1-18 所示。

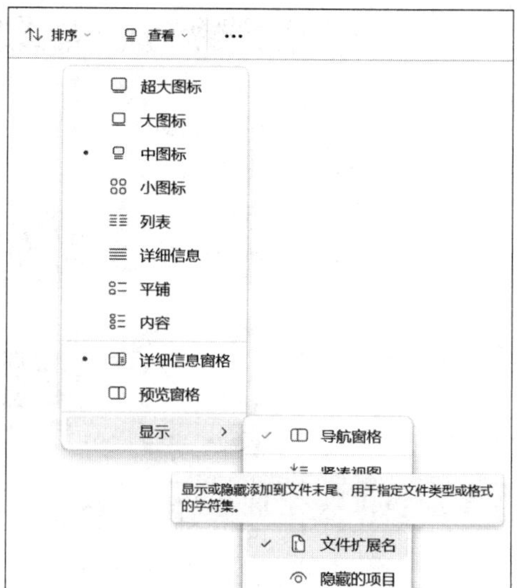

图 1-18　显示或隐藏扩展名

1.3.2 查看文件统计信息

有时需要查看文件夹中的文件个数，可以通过状态栏中的统计信息获取。

（1）在图 1-19 中，窗口左下角状态栏上显示文件夹“计算机基础”中的文件个数是 3。

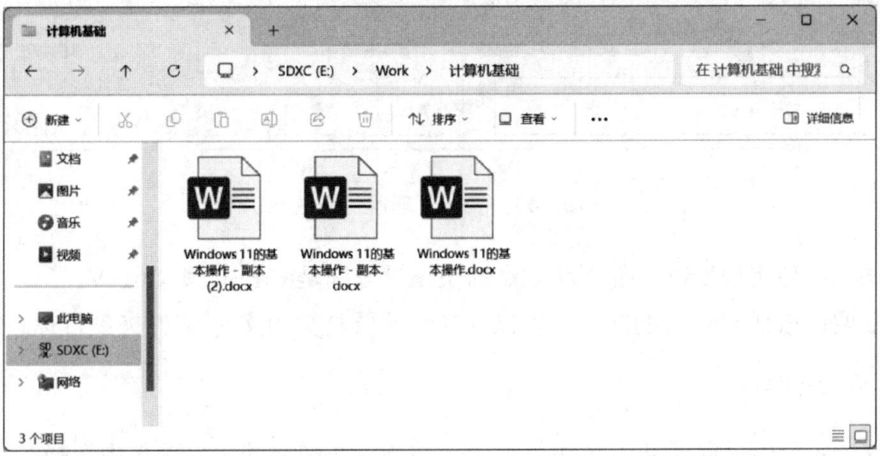

图 1-19　查看文件总个数

（2）选择其中的部分文件后，显示文件统计信息，如图 1-20 所示。

图 1-20　选择文件后的统计信息

1.3.3　复制、剪切和删除文件/文件夹

1. 复制操作

方法一：选中需要复制的文件/文件夹，右击，在弹出的快捷菜单中选择“复制”命令，打开文件/文件夹复制的目的路径，右击，在弹出的快捷菜单选择“粘贴”命令，完成复制操作。

方法二：选中需要复制的文件/文件夹，单击资源管理器工具栏上的“复制”图标，打开文件/文件夹复制的目的路径，单击工具栏上的“粘贴”图标，如图 1-21 所示。

图 1-21　资源管理器工具栏

方法三：使用快捷键，复制和粘贴的快捷键分别是 Ctrl+C 和 Ctrl+V。

方法四：按住 Ctrl 键的同时，用鼠标拖曳需要复制的文件/文件夹到目标路径。

2. 剪切操作

方法一：选中需要移动的文件/文件夹，右击，在弹出的快捷菜单中选择“剪切”命令，打开文件/文件夹移动到目的路径，右击，在弹出的快捷菜单中选择“粘贴”命令，完成剪切操作。

方法二：选中需要剪切的文件/文件夹，单击资源管理器工具栏上的“剪切”图标，打开文件/文件夹移动的目的路径，单击工具栏上的“粘贴”图标。

方法三：使用快捷键，剪切和粘贴的快捷键分别是 Ctrl+X 和 Ctrl+V。

方法四：按住 Shift 键的同时，用鼠标拖曳选择的文件/文件夹到目标路径。

3. 删除操作

方法一：选中需要删除的文件/文件夹，右击，在弹出的快捷菜单中选择“删除”命令。

方法二：选中需要删除的文件/文件夹，按 Delete 键，或单击资源管理器工具栏上的“删除”图标，删除的文件/文件夹被放入回收站中。

方法三：按 Shift+Delete 组合键，删除的文件/文件夹不再被放入回收站中。

1.3.4　利用剪贴板截取屏幕

用户使用计算机工作和学习时，经常需要截取屏幕图像，Windows 11 提供了以下两种方法来截取屏幕上的图像。

1. 利用剪贴板截取整个桌面屏幕图像

按 PrintScreen 或 PrtSc 键，可以将整个桌面屏幕图像复制到剪贴板中，如图 1-22 所示。打开 Windows 附件中的“画图”软件，将剪贴板上的图像粘贴到“画图”窗口中，根据需要进行编辑即可。

图 1-22　利用 PrtSc 键截取整个屏幕图像

2. 利用剪贴板截取活动窗口屏幕图像

按 Alt+PrintScreen 或者 Alt+PrtSc 组合键，可将当前活动窗口屏幕图像复制到剪贴板上，如图 1-23 所示。打开文字处理软件 Word，将剪贴板上的图像粘贴到文档中，可对其调整大小、设置环绕方式等。

图 1-23　按 Alt+PrtSc 组合键截取活动窗口屏幕图像

1.3.5 使用放大镜

用户在使用计算机时如果看不清屏幕上的图像或文字，可以借助 Windows 自带的放大镜功能查看屏幕内容。

可以在搜索框中搜索“放大镜”，或者直接按 Win +“+”组合键打开放大镜，如图 1-24 所示。按 Win +“+”组合键放大图像；按 Win +“-”组合键缩小图像；按 Win+Esc 组合键退出放大镜。

图 1-24 Windows 放大镜

1.3.6 磁盘碎片整理

硬盘在使用一段时间后，由于反复写入和删除文件，磁盘中的空闲扇区会分散到整个磁盘中不连续的物理位置上，使文件不能存储在连续的扇区中，从而产生了磁盘碎片。磁盘碎片多了，计算机读取文件的速度就会变得很慢。

磁盘碎片整理程序可以重新安排文件的存储位置，将文件尽可能地存放于连续的存储空间上，从而减少碎片，提高计算机的运行速度。

（1）选中需要进行碎片整理的磁盘，右击，在弹出的快捷菜单中选择“属性”命令，在弹出的如图 1-25 所示的对话框中选择“工具”选项卡。

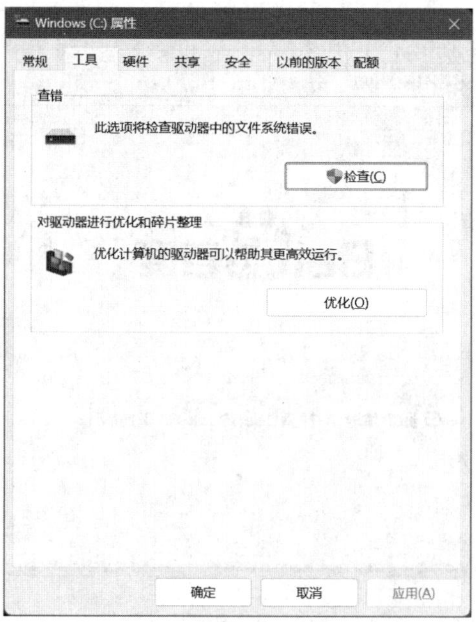

图 1-25 磁盘属性

（2）单击“优化”按钮，弹出“优化驱动器”对话框。在“状态”列表中选择需要优化的驱动器，单击“优化”按钮，开始对驱动器进行磁盘碎片情况分析，并进行碎片整理。

1.4 任务管理器

实验目的

（1）掌握任务管理器的启动方式。

（2）熟悉查看性能的方法。

（3）掌握结束任务的方法。

实验内容

任务管理器是用于监视计算机上的进程和程序活动，以及查看计算机全局状态的系统监视器软件。它可以显示正在运行和已终止运行的后台服务及进程，终止进程和程序，改变进程的优先级。在信息完整的情况下，其可显示服务的相关信息（如进程 ID 和组）。熟练地使用任务管理器，可使计算机系统运行更加稳定。

本节完成以下任务管理器的操作实验。

（1）启动任务管理器。

（2）查看性能。

（3）终止进程/结束任务。

1.4.1 启动任务管理器

启动任务管理器一般有以下 4 种方法。

方法一：按 Ctrl+Shift+Esc 组合键，可以直接打开任务管理器。

方法二：按 Ctrl+Alt+Delete 或 Ctrl+Alt+Del 组合键，打开安全选项界面，选择“任务管理器”命令。

方法三：在任务栏的空白处右击，在弹出的快捷菜单中选择“任务管理器”命令，如图 1-26 所示。

图 1-26 右击任务栏空白处弹出的快捷菜单

方法四：按 Win+R 组合键打开“运行”对话框，输入 taskmgr，如图 1-27 所示，单击“确定”按钮，即可打开“任务管理器”窗口。

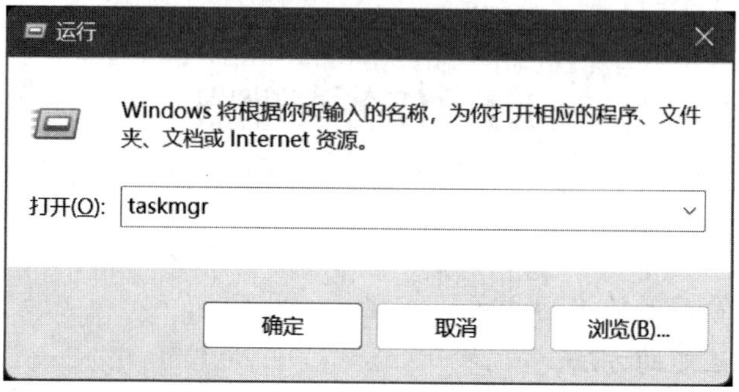

图 1-27 “运行”对话框

1.4.2 查看性能

在任务管理器中，可以查看 CPU、内存、磁盘等的工作情况。

（1）打开“任务管理器”窗口。

（2）选择“性能”选项卡，可查看当前计算机的整体资源使用情况，如图 1-28 所示。

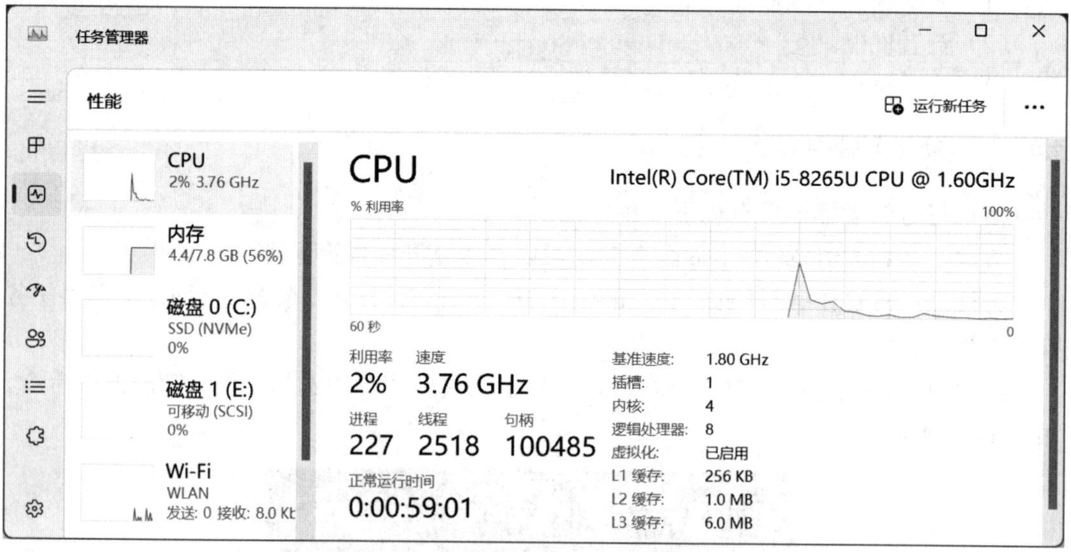

图 1-28 系统性能信息

（3）选择“进程”选项卡，单击“CPU”选项即可对进程消耗 CPU 资源的情况进行降序或升序排列，如图 1-29 所示。

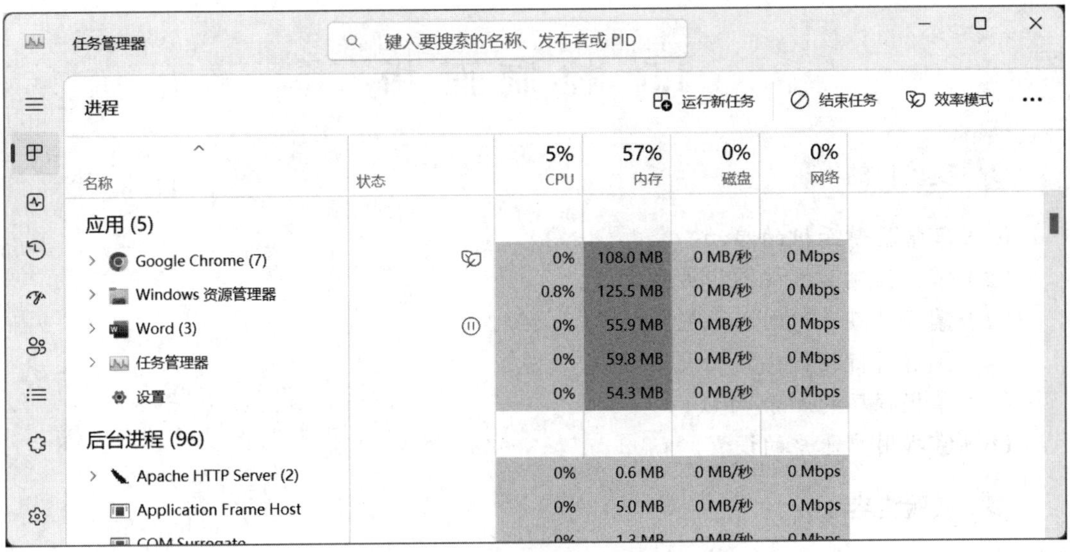

图 1-29　系统进程状态信息

1.4.3　终止进程/结束任务

当某个进程无响应时，可以打开任务管理器，选中该进程并结束它，使 Windows 恢复流畅。

（1）打开“任务管理器”窗口。

（2）选择需要结束的进程，右击，在弹出的快捷菜单中选择“结束任务”命令，如图 1-30 所示。

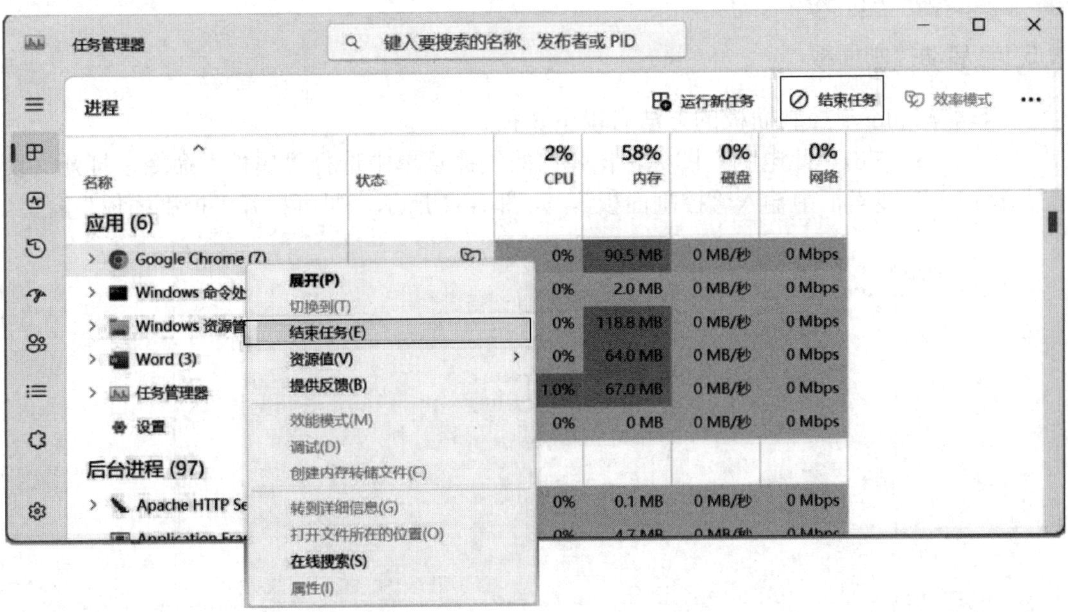

图 1-30　结束任务

1.5 控制面板

实验目的

（1）掌握控制面板的启动。
（2）掌握控制面板视图模式的切换。
（3）掌握日期和时间的设置。
（4）了解鼠标指针样式的设置。
（5）掌握程序的删除/卸载。
（6）掌握用户账户的设置。

实验内容

控制面板是 Microsoft Windows 中的一个组件，用户可通过该组件查看和更改系统设置。该组件由一系列小应用程序组成，包括添加/删除硬件和软件，控制用户账户，更改辅助功能选项、访问网络设置等。熟练地使用控制面板可更好地管理计算机的配置。

本节完成控制面板相关操作的实验。

（1）启动控制面板。
（2）切换视图模式。
（3）设置鼠标指针样式。
（4）删除/卸载程序。
（5）设置用户账户。

1.5.1 启动控制面板

启动 Windows 控制面板的方法有以下 3 种。

方法一：右击“此电脑”图标，在弹出的快捷菜单中选择“属性”命令，打开“设置”窗口，在搜索框中输入“控制面板”，如图 1-31 所示，即可打开“控制面板”窗口。

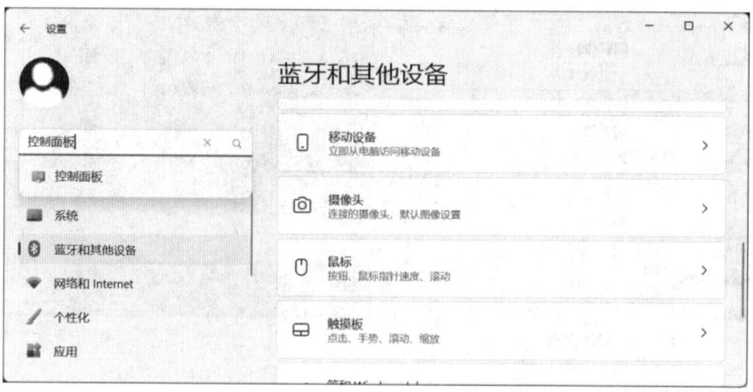

图 1-31 控制面板打开方法一

方法二：在任务栏的“搜索”文本框中输入“控制面板”，按 Enter 键，在搜索结果中选择“最佳匹配”区域的“控制面板”选项，如图 1-32 所示。

图 1-32　控制面板打开方法二

方法三：单击“开始”菜单，选择“所有应用”中的“Windows 工具”，在打开的“Windows 工具”窗口中选择“控制面板”选项，如图 1-33 所示。

图 1-33　控制面板打开方法三

1.5.2 切换视图模式

控制面板有两种视图模式：第一种是类别模式，按照功能将相同的模块划分到一起；第二种是图标模式，将全部功能以大图标或小图标的形式展现。切换不同的模式可以快速找到相关的功能设置。其具体操作如下：

（1）打开“控制面板”窗口。

（2）单击“查看方式”后面的“类别”下拉按钮，弹出如图 1-34 所示的列表。

图 1-34 控制面板查看方式

（3）切换查看方式，选择“大图标”或“小图标”选项，观察控制面板中图标的变化。

1.5.3 设置鼠标指针样式

Windows 系统支持定制鼠标样式，以便更加符合用户的使用习惯和审美要求。

（1）准备好替换的指针样式。

（2）打开“控制面板”窗口，将查看方式设置为“大图标”，如图 1-35 所示。

图 1-35 控制面板“大图标”查看方式

（3）单击“鼠标”图标，弹出“鼠标 属性”对话框，选择“指针”选项卡，在“自定义”列表中选择“正常选择”选项，单击“浏览”按钮，如图 1-36 所示。

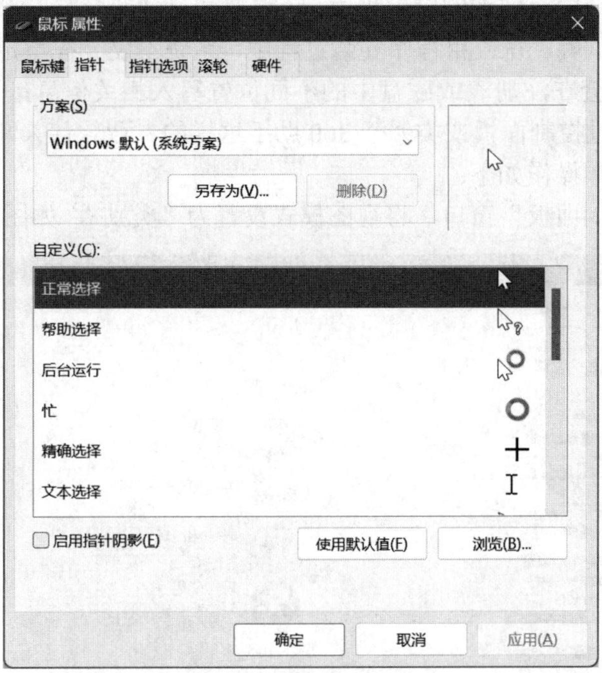

图 1-36　指针样式设置

（4）选择准备好的指针样式文件（鼠标指针样式文件为 cur 类型，可从网上下载），单击“打开”按钮，如图 1-37 所示。单击“确定”按钮，指针即设置为选中的样式。

图 1-37　选择指针样式

1.5.4 删除/卸载程序

删除计算机系统中已安装的应用程序，不是简单地将程序图标移至回收站，或是直接删除程序的安装文件。在应用程序安装过程中，系统不仅会在指定的安装位置复制所需的程序文件，还会在注册表或磁盘中的不同位置写入相关信息。为保证正确地删除/卸载程序，应该通过控制面板或类似于 360 助手这样的专业软件来卸载。通过控制面板卸载应用程序的具体操作如下：

（1）打开“控制面板”窗口，将视图模式设置为“类别”，如图 1-38 所示。

图 1-38 控制面板“类别”查看方式

（2）单击“程序”下方的“卸载程序”按钮。

（3）选中需要卸载的应用程序，右击，在弹出的快捷菜单中选择“卸载”命令，如图 1-39 所示。

图 1-39 卸载应用程序

（4）根据提示，完成程序卸载过程。

1.5.5　设置用户账户

为了确保计算机系统的安全，可以通过设置用户的账户和密码来防止非法用户登录，从而避免对信息安全造成破坏。

（1）进入控制面板，将查看方式设置为“大图标”，单击“用户帐户”图标。

（2）在“用户帐户”窗口中，单击“管理其他帐户”按钮，如图 1-40 所示。

图 1-40　“用户帐户”窗口

（3）在“管理帐户”窗口中，选中需要更改密码的用户，如图 1-41 所示。

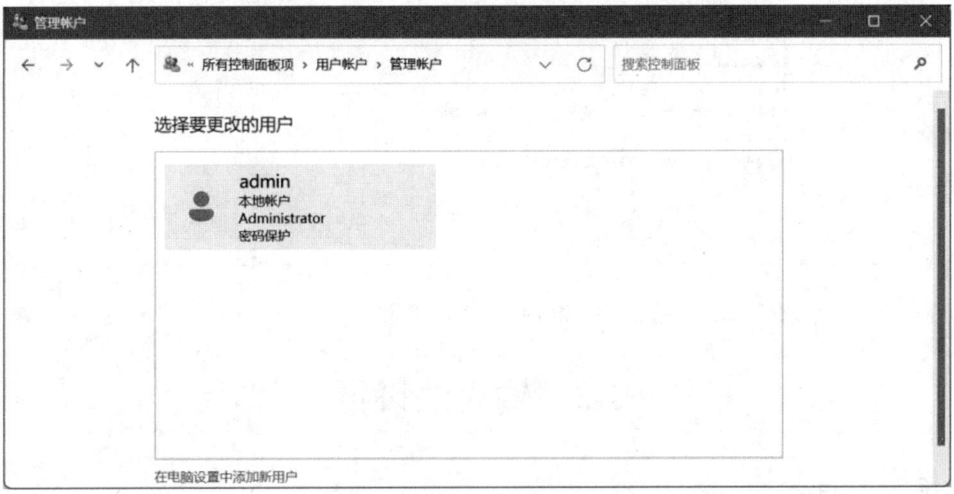

图 1-41　选择要更改密码的用户

（4）在“更改帐户”窗口中，单击“更改密码”按钮，如图 1-42 所示。

图 1-42　选择更改密码

（5）在“更改密码”窗口中，根据提示填写相关信息后，单击“更改密码”按钮，完成密码修改，如图 1-43 所示。

图 1-43　更改密码

1.6　输入法设置

实验目的

掌握输入法的添加和删除。

实验内容

输入法是将各种符号输入计算机或其他设备（如手机）而采用的编码方法。计算机系统中广泛使用的输入法主要分为两类：一类以字形为基础，输入速度快且准确度高，但需要专门学习训练；另一类以字音为基础，输入准确度不高（有内置词典，对流行语和惯用语影响不大），输入常用字词时无须专门学习。在计算机系统中设置适合自己的输入法，将有效提升字符输入速度。

本节完成输入法设置相关操作实验。

（1）添加和删除语言。

（2）添加和删除输入法。

1.6.1　添加和删除语言

当计算机中没有自己熟悉的输入法时，需要添加新的输入法。由于 Windows 将输入法视为语言功能的一部分，输入法的键盘布局、词库、拼写检查等功能须依托特定语言包实现。因此，安装新的输入法有时需要先添加语言，尤其是在为其他语言安装输入法时。

（1）右击任务栏右侧的输入法图标，在弹出的快捷菜单选择“设置”命令，如图 1-44 所示。

图 1-44　语言设置

（2）打开“设置”窗口，在“时间和语言”选项卡中选择“语言和区域”选项，如图 1-45 所示。

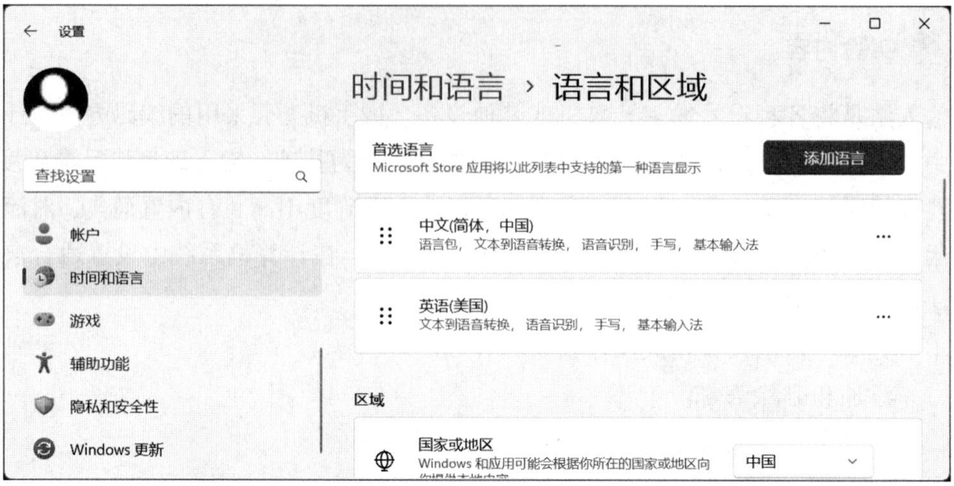

图 1-45　语言和区域设置

（3）单击“添加语言”按钮，如图 1-46 所示。

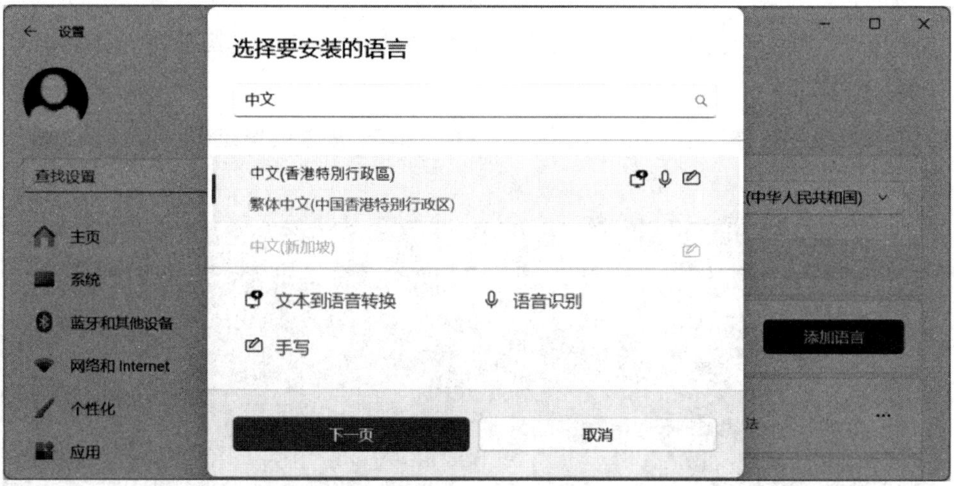

图 1-46　添加语言

（4）在“选择要安装的语言”界面的列表中选择需要安装的语言，单击“下一页”按钮，打开“安装语言功能”界面。在“可选语言功能”列表中选中需要安装的组件，单击“安装”按钮，即可完成该语言的安装。

（5）在“语言和区域”设置窗口中，在语言列表中选择要删除的语言，单击右侧的“...”按钮，在打开的下拉列表中选择“删除”选项，即可删除该语言。

1.6.2　添加和删除输入法

如果在已有语言（如中文）下添加新的输入法，可以直接下载第三方输入法，按照提示安装，或者在“设置”窗口中添加输入法。下面是在“设置”窗口中添加和删除输入法的操作步骤。

（1）打开“设置”窗口。

（2）打开“时间和语言”中的“语言和区域”设置窗口，在语言列表中选择需要添加输入法的语言。单击右侧的“...”按钮，在下拉列表中选择“语言选项”选项，如图 1-47 所示。

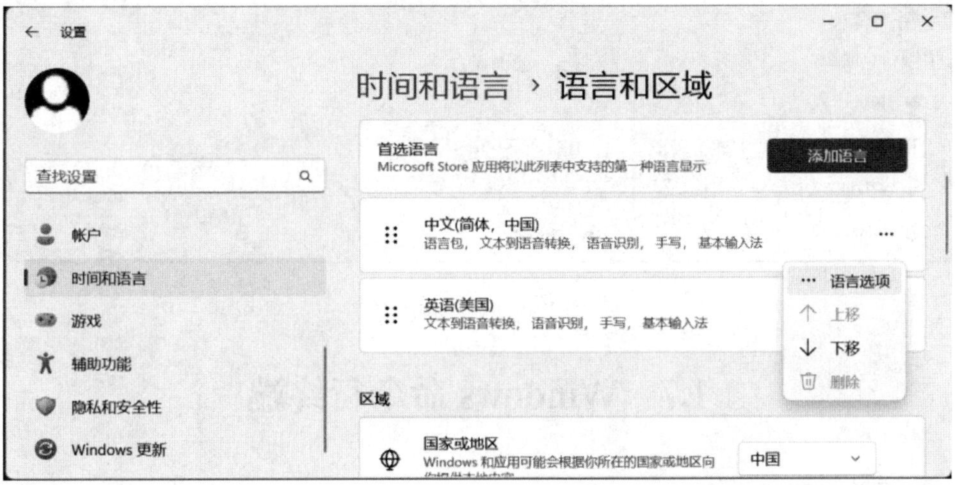

图 1-47　选择语言

（3）在打开的界面中单击“添加键盘”按钮，可以添加该语言的基本输入法（如微软五笔），如图 1-48 所示。

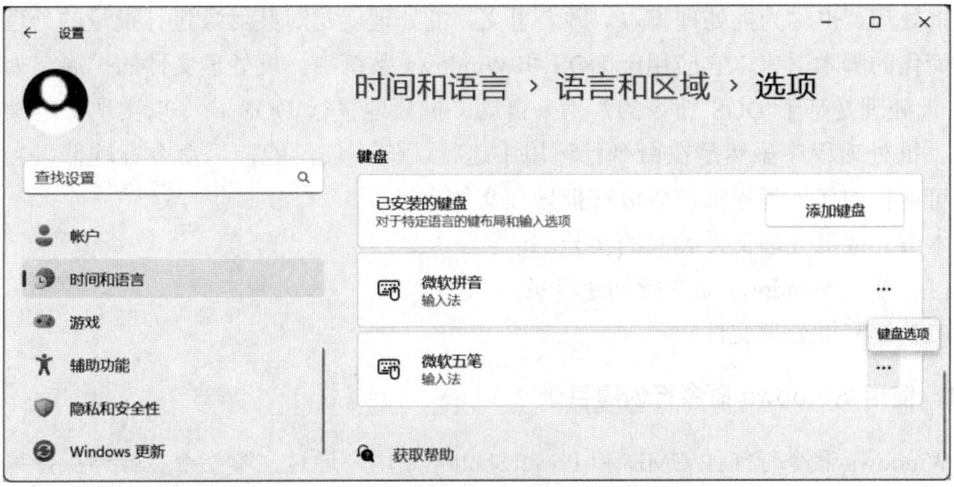

图 1-48　添加键盘

（4）单击输入法右侧的“...”按钮，在打开的下拉列表中选择“删除”命令，即可删除选中的输入法，如图 1-49 所示。

图 1-49 删除输入法

1.7 Windows 命令行终端

实验目的

掌握批处理文件的编写。

实验内容

批处理，也称为批处理脚本。顾名思义，批处理就是对某对象进行批量的处理，是一种简化的脚本语言，它应用于 DOS 和 Windows 系统中。批处理文件的扩展名为 bat。DOS 批处理是基于 DOS 命令的，用来自动、批量地执行 DOS 命令以实现特定操作的脚本。批处理程序虽然是在命令行环境中运行，但不仅仅能使用命令行软件，当前系统下可运行的任何程序都可以放在批处理文件中运行。

本节完成批处理文件编写的实验。

（1）使用 Windows 命令行创建目录。

（2）编写批处理文件。

1.7.1 使用 Windows 命令行创建目录

Windows 命令行（如 CMD 和 PowerShell）是用户通过文本指令直接与操作系统交互的核心工具，用于完成系统管理与维护、自动化与脚本、开发与调试等功能，具有高效精准、资源占用低和深度控制等优点。

下面是以命令行在 E:\Work 下创建目录 Test，并将指定的文件复制到目录的操作步骤。

（1）按 Win+R 组合键，打开“运行”对话框，输入 CMD，打开“命令提示符”窗口。

（2）在“命令提示符”窗口中输入“md e:\work\test”，创建指定的目录，然后输入命令“dir e:\work\test”，查看目录是否创建成功，如图 1-50 所示。

图 1-50　使用命令行创建目录

（3）在“命令提示符”窗口中输入“copy e:\work\计算机基础*.* e:\work \test”，复制文件到指定目录，然后输入命令“dir e:\work \test”，查看文件是否复制成功，如图 1-51 所示。

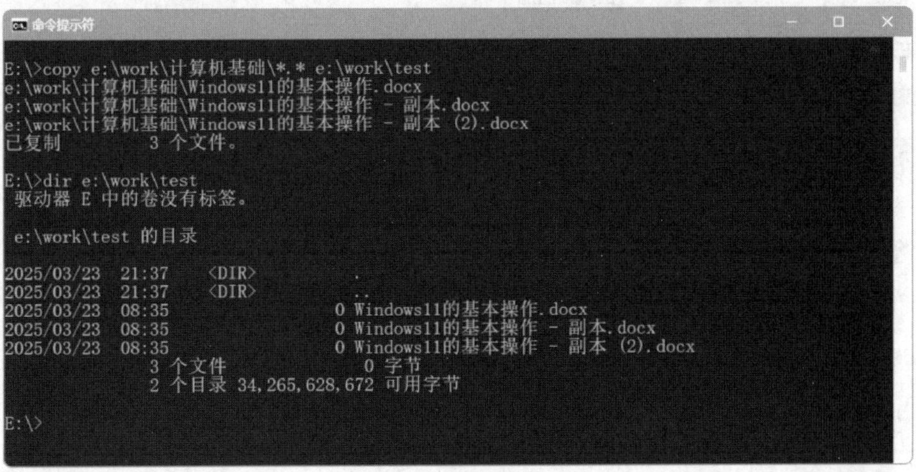

图 1-51　使用命令行复制文件到目录

1.7.2　编写批处理文件

批处理文件是一种简化的脚本语言，可将一些复杂烦琐的工作简化。下面以移动文件为例讲解批处理文件的编写过程。

（1）在 E 盘的 Work 目录下创建两个文件夹 DirA 和 DirB。

（2）进入 E:\Work\DirA，新建两个文本文件 move.txt 和 test.txt，如图 1-52 所示。

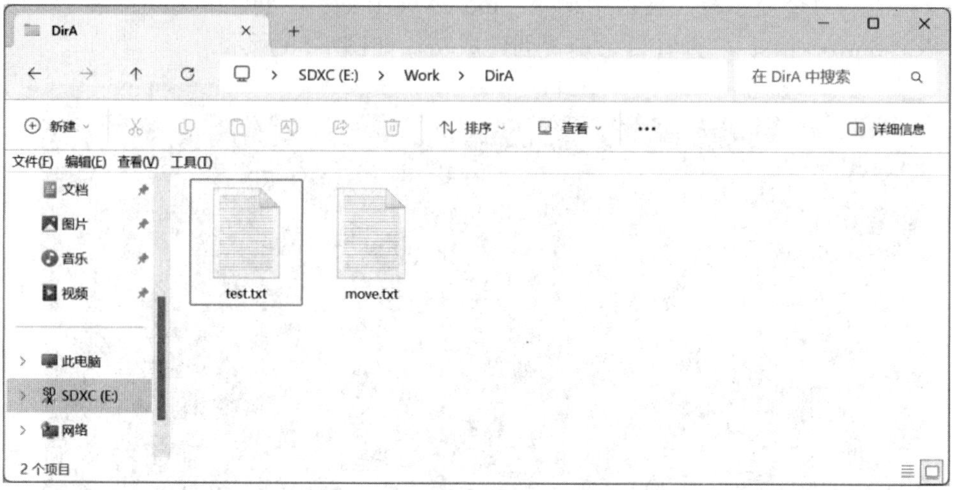

图 1-52　新建 move.txt 和 test.txt

（3）打开 move.txt 进行编辑，输入以下 4 行脚本（确保在英文输入法状态下输入）：

```
@echo off
start E:\Work\DirA
choice /t 2 /d y /n >nul
move test.txt E:\Work\DirB
```

（4）保存并关闭文件，将 move.txt 重命名为 move.bat，如图 1-53 所示。

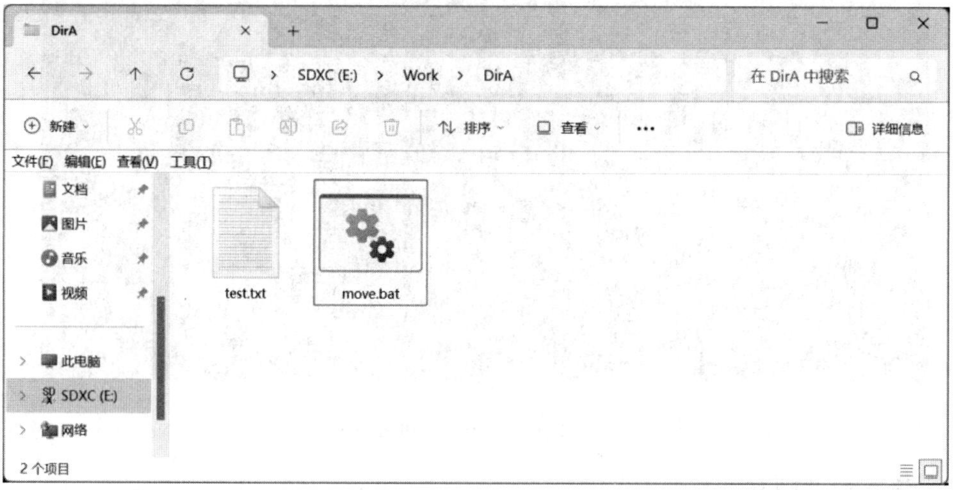

图 1-53　重命名文件

（5）双击运行 move.bat，执行完成后观察文件 test.txt 的位置，如图 1-54 所示。

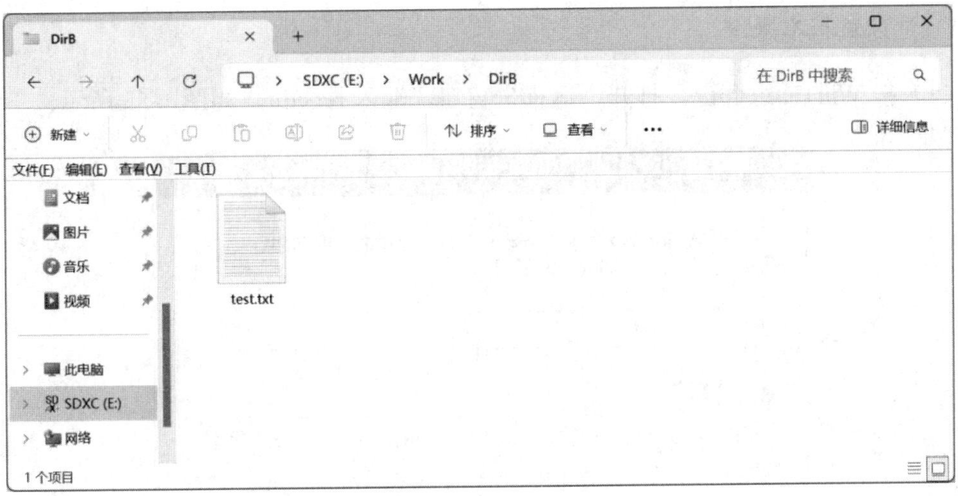

图 1-54　批处理执行结果

1.8　计算机优化小技巧

实验目的

（1）掌握通过注册表提高关机速度的方法。

（2）掌握通过注册表提高宽带速度的方法。

（3）掌握通过注册表关闭搜索的方法。

（4）掌握通过注册表禁用 U 盘的方法。

实验内容

注册表是 Windows 核心配置数据库，存储系统中所有硬件、软件、用户设置的层级化数据，其结构采用树状层级组织，包含 5 个预定义根键：HKEY_CLASSES_ROOT、HKEY_CURRENT_USER、HKEY_LOCAL_MACHINE、HKEY_USERS、HKEY_CURRENT_CONFIG。要修改相关系统配置，只需修改对应的注册表数据即可实现。

本节完成注册表操作相关的实验。

（1）注册表基本操作。

（2）提高关机速度。

（3）提高网络速度。

（4）关闭搜索。

（5）禁用 U 盘。

1.8.1 注册表基本操作

（1）按 Win+R 组合键，打开“运行”窗口，输入 regedit，如图 1-55 所示。

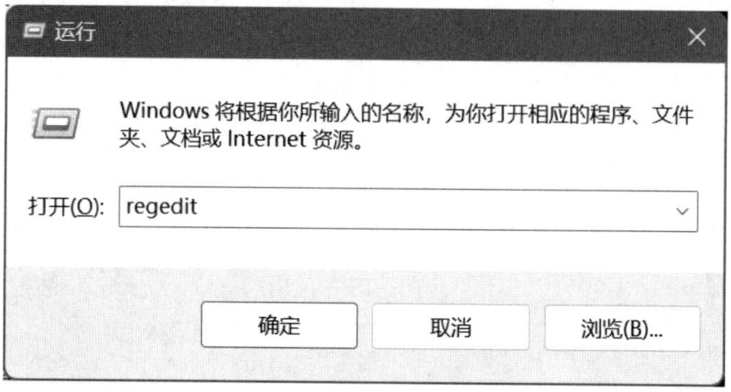

图 1-55 启动注册表编辑器

（2）单击“确定”按钮，打开“注册表编辑器”窗口，如图 1-56 所示。

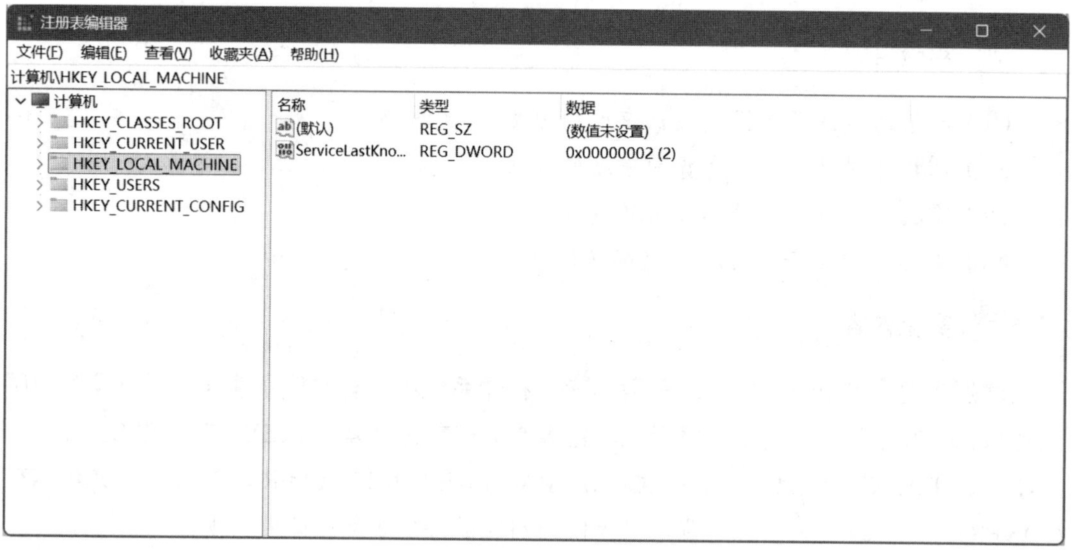

图 1-56 “注册表编辑器”窗口

（3）修改注册表时，为避免错误操作导致数据丢失、系统不稳定，甚至崩溃等，通常需要对注册表进行备份。一般可以在“注册表编辑器”窗口左侧界面中选择需要备份的目标键（也可以是全部的注册表内容）进行备份。以备份 HKEY_LOCAL_MACHINE 键为例，选择目标键，在“文件”菜单中选择“导出”命令，选择备份文件保存的位置，如图 1-57 所示。

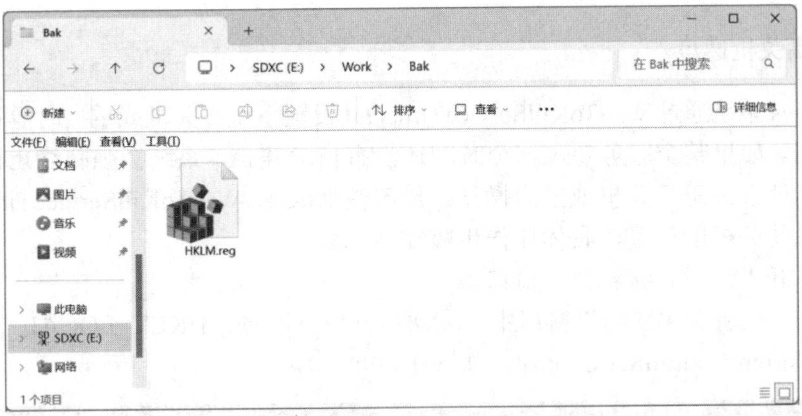

图 1-57　注册表导出结果

（4）在需要对注册表进行恢复时，可以直接导入此前的备份文件。以恢复 HKEY_LOCAL_MACHINE 键为例，如图 1-58 所示。找到备份文件“HKLM.reg”后双击，或者右击，在弹出的快捷菜单中选择“合并”命令，在弹出的“用户帐户控制”对话框中单击“是”按钮，允许注册表编编辑器对设备进行更改，即可完成注册表的恢复操作，如图 1-59 所示。

图 1-58　选择注册表备份文件

图 1-59　注册表导入

1.8.2 提高关机速度

Windows 系统通过 WaitToKillServiceTimeOut 设置系统在关机或重启时等待服务终止的最大时间。如果某个服务超过这个时间还没有自动停止，系统会强制终止该服务，以确保系统能够继续进行关机或重启操作。修改注册表中 WaitToKillServiceTimeout 值项可以提高系统关机的速度，具体操作步骤如下：

（1）打开“注册表编辑器”窗口。

（2）在“注册表编辑器”窗口中，依次展开以下路径：HKEY_LOCAL_MACHINE\SYSTEM\CurrentControlSet\Control，如图 1-60 所示。

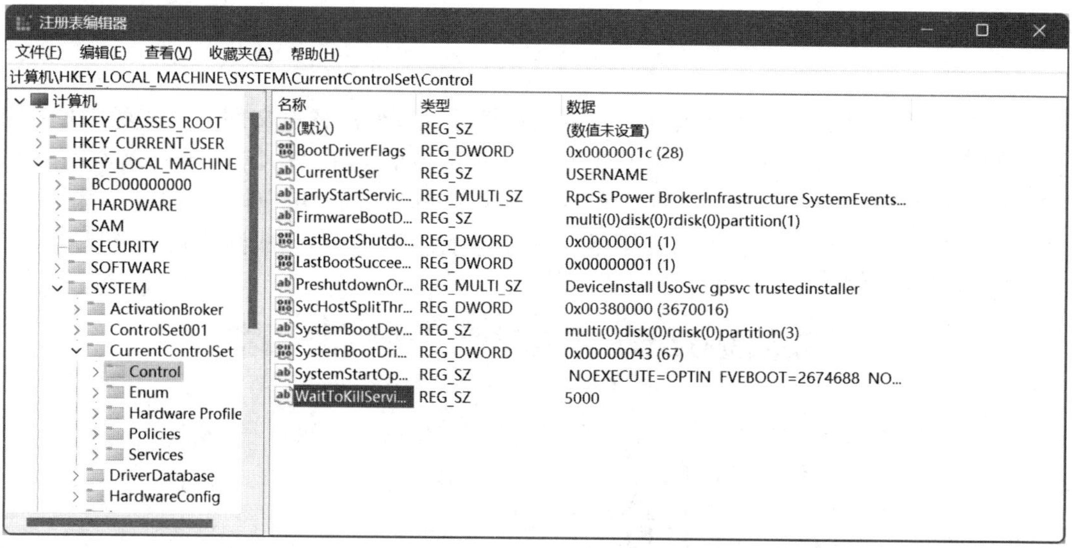

图 1-60 WaitToKillServiceTimeOut 的路径

（3）在“注册表编辑器”窗口的右侧界面中，找到 WaitToKillServiceTimeOut 值项并双击打开。在弹出的“编辑字符串”对话框中，将“数值数据”的值由当前值“5000”修改为“3000”，这里的“3000”代表 3 秒，单击“确定”按钮，如图 1-61 所示。

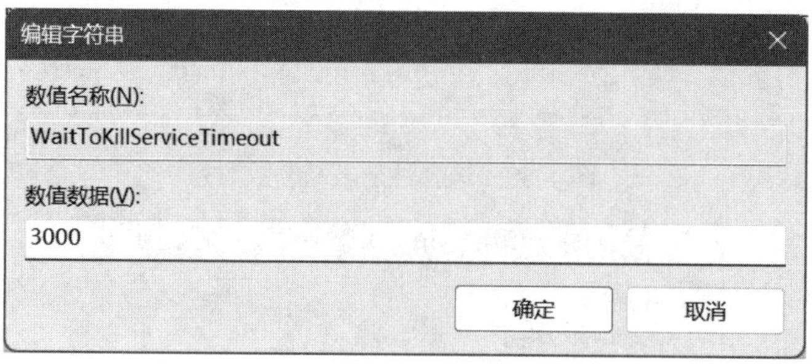

图 1-61 修改关机等待时间

退出注册表编辑器，关机时便可查看效果。

1.8.3　提高网络速度

在 Windows 系统中，如果遇到网络状况不太好的情况，可以通过修改注册表对网络设置进行优化来缓解这个问题。

Windows 系统中使用 DefaultTTL 存储数据保存时间。较大的 DefaultTTL 值可以增加数据传输的成功率，但是会降低传输效率。减小 DefaultTTL 值可以在一定程度上提高数据传输效率。DefaultTTL 一般取值在 40 到 80 之间。

通过修改注册表提高网络速度的操作方法如下：

（1）打开“注册表编辑器”窗口。

（2）在“注册表编辑器”窗口中，依次展开以下路径：HKEY_LOCAL_MACHINE\SYSTEM\CurrentControlSet\Services\Tcpip\Parameters，如图 1-62 所示。

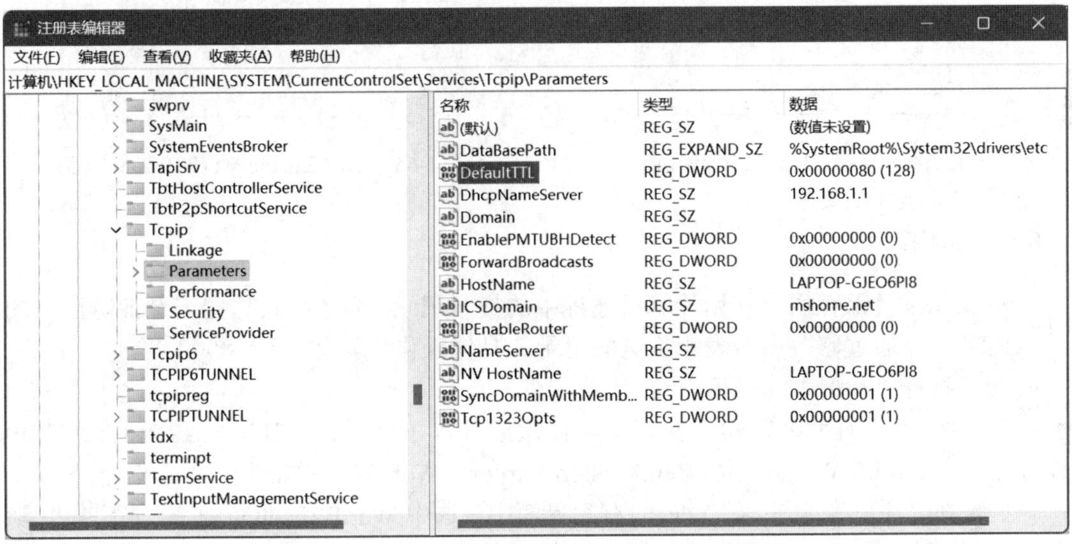

图 1-62　DefaultTTL 的路径

（3）在“注册表编辑器”窗口的右侧界面中，双击 DefaultTTL 值项，在弹出的“编辑 DWORD（32 位）值”对话框中，修改“数值数据”值为 80，选中“十六进制”单选按钮，如图 1-63 所示。

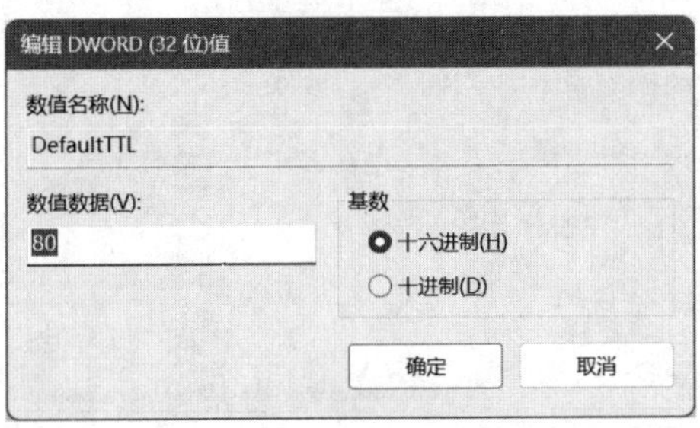

图 1-63　修改 DefaultTTL 值

如果当前计算机的注册表中没有 DefaultTTL 值项，则需要先创建它。方法如下：在空白处右击，在弹出的快捷菜单中单击“新建”→“DWORD（32 位）值”命令，将创建的图标命名为“DefaultTTL”。

（4）在“注册表编辑器”窗口的右侧界面中，双击 Tcp1323Opts 值项，在弹出的“编辑 DWORD（32 位）值”对话框中，修改“数值数据”为 1，如图 1-64 所示。

（5）在“注册表编辑器”窗口的右侧界面中，双击 EnablePMTUBHDetect 值项，在弹出的“编辑 DWORD（32 位）值”对话框中，修改“数值数据”为 0，单击“确定”按钮，如图 1-65 所示。

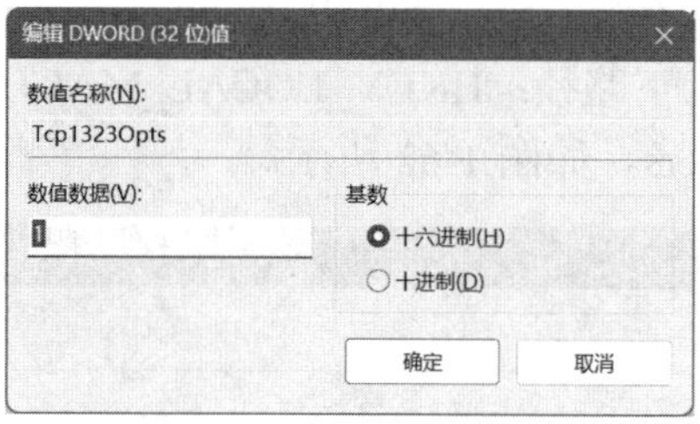

图 1-64　修改 Tcp1323Opts 值

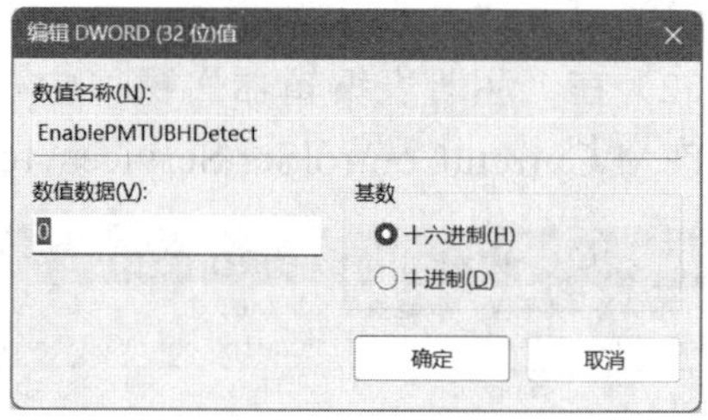

图 1-65　修改 EnablePMTUBHDetect 值

1.8.4　关闭搜索

Windows 会保存用户使用计算机过程中的搜索记录，为了防止这些记录泄露用户的个人隐私，可通过修改注册表删除这些记录。具体操作步骤如下：

（1）打开“注册表编辑器”窗口。

（2）在“注册表编辑器”窗口中，依次展开以下路径：HKEY_CURRENT_USER\Software\Microsoft\Windows\CurrentVersion\Explorer\WordWheelQuery。

（3）在“注册表编辑器”窗口的右侧界面中，选中 WordWheelQuery 子项下除“（默认）”外的所有值项，然后将其全部删除，如图 1-66 所示。

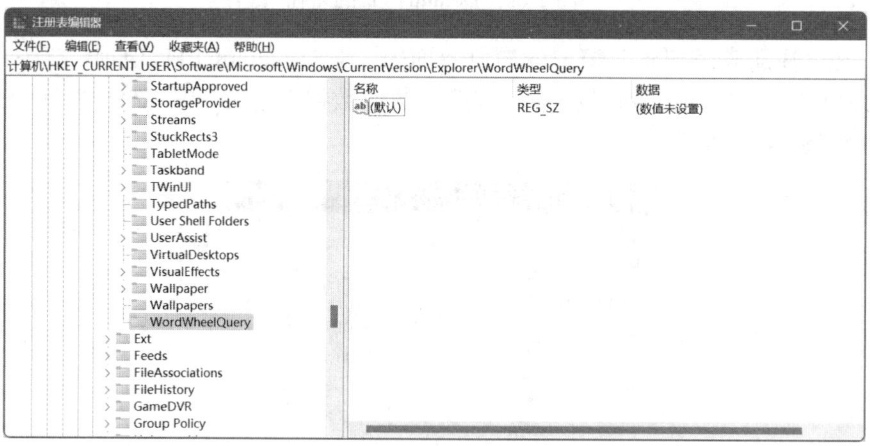

图 1-66　WordWheelQuery 的路径

1.8.5　禁用 U 盘

U 盘在日常的工作和学习中使用普遍，它在给用户带来方便的同时也可能造成病毒传播。禁用 U 盘可以很好地保护计算机，同时还可以预防非法用户将计算机中的文件复制至 U 盘。通过注册表禁用 U 盘的具体操作步骤如下：

（1）打开“注册表编辑器”窗口。

（2）在“注册表编辑器”窗口中，依次展开以下路径：HEKY_LOCAL_MACHINE\SYSTEM\CurrentControlSet\Services\USBSTOR，如图 1-67 所示。

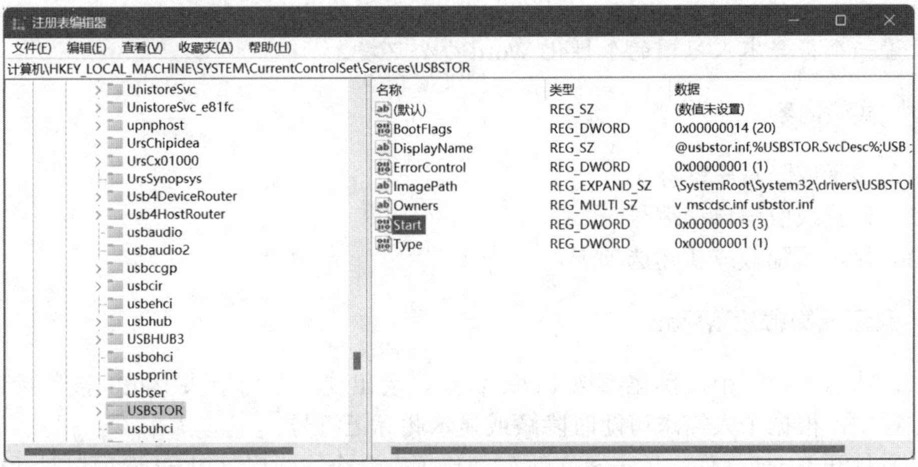

图 1-67　Start 的路径

（3）在“注册表编辑器”窗口的右侧界面中，双击 Start 值项，在弹出的“编辑 DWORD（32 位）值”对话框中，修改“数值数据”为 4，选中“十六进制”单选按钮，单击“确定”按钮，如图 1-68 所示。

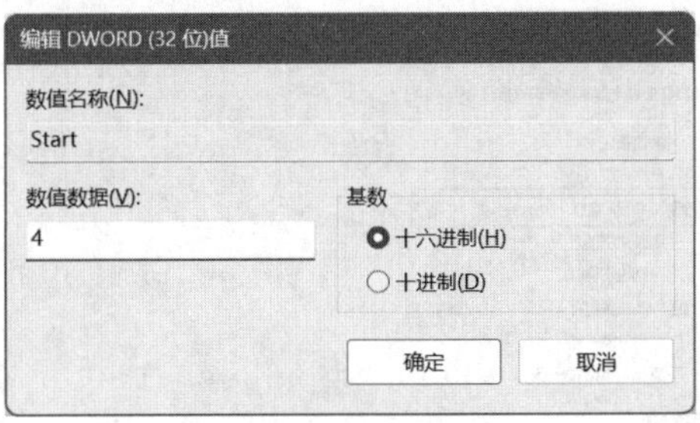

图 1-68　修改 Start 值

（4）退出注册表编辑器以后插入 U 盘，此时系统不能识别 U 盘，需要将 Start 的值重新改回“3”后系统才能识别 U 盘。

第 2 章　Office 2016 办公基础与应用

2.1　设置个性化的工作环境

实验目的

设置一个符合本人习惯的个性化 Word 办公环境。

实验内容

（1）显示或隐藏段落标记。
（2）设置或取消自动编号。
（3）显示或隐藏或新建选项卡。

2.1.1　显示或隐藏段落标记

默认状态下，每个段落尾部按 Enter 键后，会出现一个弯箭头形状的段落标记。在操作过程中，根据个人需求可随时隐藏或显示此标记符号。

（1）打开 Word 文件，单击“文件”|“选项”命令，弹出“Word 选项”对话框，单击“显示”选项卡，如图 2-1 所示。

图 2-1　“显示”选项卡

（2）在“始终在屏幕上显示这些格式标记”组的列表中，取消选中“段落标记”复选框，单击“确定”按钮，此时文档中的段落标记不再显示。也可以设置显示或隐藏其他标记，如空格、制表符等标记符号。

2.1.2　设置或取消自动编号

在文档中输入以编号开头的文字时，按 Enter 键后，下一个段落会自动进行编号，有时另起段落后不需要自动编号或习惯自行输入编号后进行格式设置，这时可以设置取消自动编号。

（1）按照前面的方法，打开“Word 选项”对话框，单击“校对”选项卡，如图 2-2 所示。

图 2-2　“校对”选项卡

（2）在“自动更正选项”组中，单击“自动更正选项”按钮，弹出“自动更正”对话框，单击“键入时自动套用格式”选项卡，在“键入时自动应用”区域取消选中“自动编号列表”复选框，如图 2-3 所示，单击“确定”按钮，返回到“Word 选项”对话框，单击“确定”按钮，完成设置。

图 2-3 “自动更正”对话框

2.1.3 显示或隐藏或新建选项卡

在 Word 中，常用的选项卡有“开始”、“插入”、“设计”、“布局”、“引用”、“邮件”、“审阅”和“视图”。在文本编排过程中，有部分功能经常使用，但是由于分属不同的选项卡，操作时需要多次切换选项卡，比较烦琐，这时可以新建一个选项卡，将这些功能放入其中，然后将其显示在 Word 选项卡区域中。

（1）打开“Word 选项”对话框，单击“自定义功能区”选项卡，如图 2-4 所示。

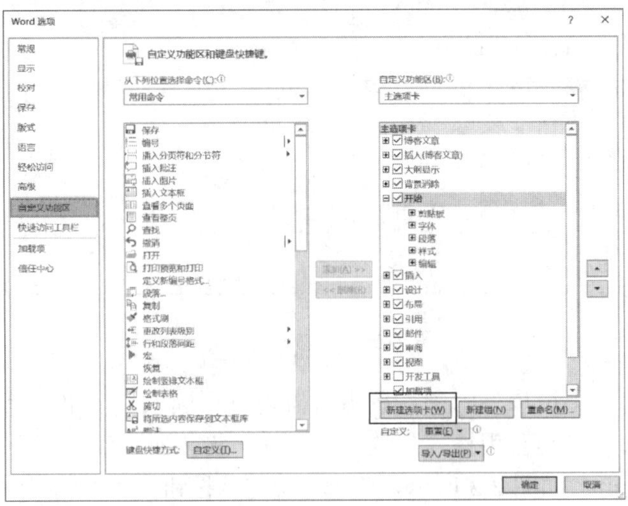

图 2-4 “自定义功能区”选项卡

（2）单击“新建选项卡”按钮，在“主选项卡”列表中生成了“新建选项卡（自定义)”，单击“重命名”按钮，将“新建选项卡”重命名为“我的选项卡”，将“新建组”重命名为“我的工具箱”，如图 2-5 所示。

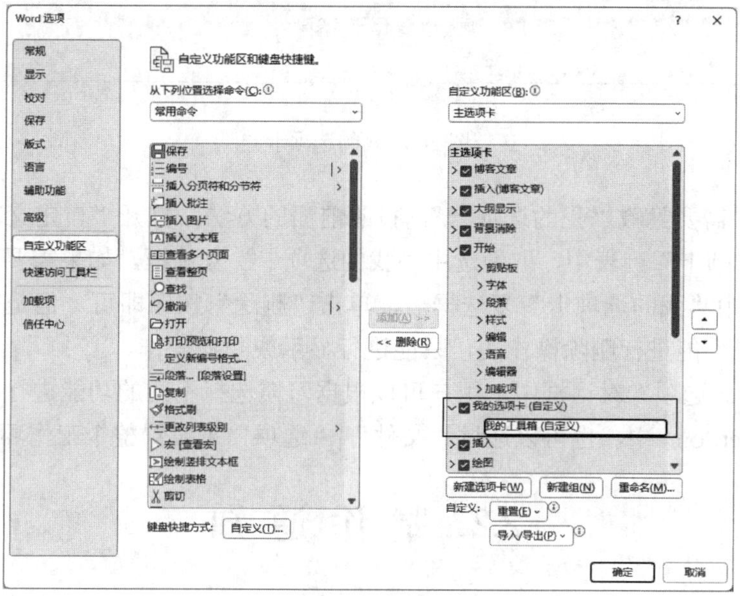

图 2-5　新建选项卡和重命名

（3）在左边的“常用命令”列表区域，选择相应的命令添加到“我的工具箱”中，如图 2-6 所示。

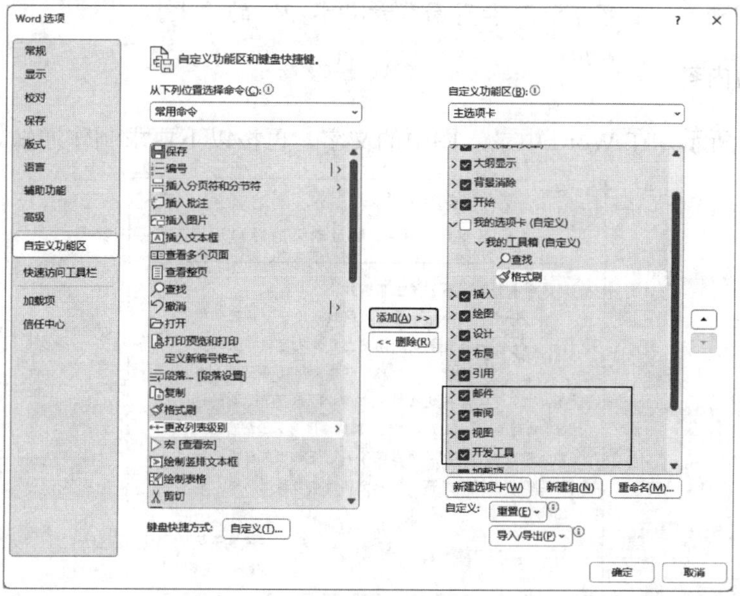

图 2-6　添加命令

（4）单击“确定”按钮，回到工作界面，“我的选项卡”显示在选项卡区域中，如图 2-7 所示。

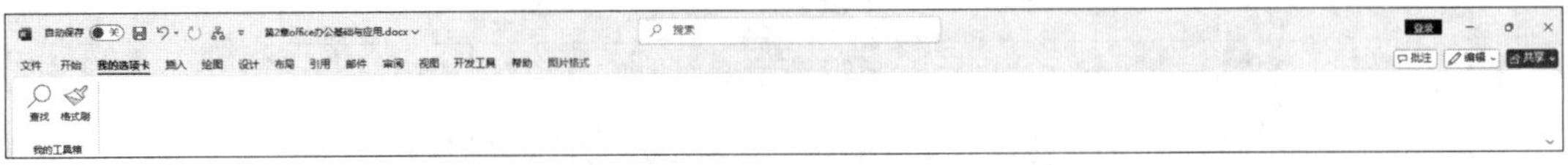

图 2-7　我的选项卡

（5）如果需要隐藏“我的选项卡”，按照前面的方法，打开“自定义功能区”选项卡，在“主选项卡”列表中，取消选中“我的选项卡”复选框。如果需要删除“我的选项卡”，则选中“我的选项卡”复选框后，单击“删除”按钮即可。但是对于系统自带的选项卡，是不能进行删除操作的，只能进行显示或隐藏操作。

在“Word 选项”对话框中，用户可以根据习惯选择不同的功能进行相关设置。在 Excel 和 PowerPoint 中，也可以通过“文件”|“选项”来设置整个工作环境。

2.2 制作通知

实验目的

（1）掌握文档字体格式的设置。

（2）掌握文档段落格式的设置。

（3）掌握文本“首字下沉”和页面背景“水印”的设置。

实验内容

如图 2-8 所示，在 Word 中录入图中的文字，再按以下要求制作通知。

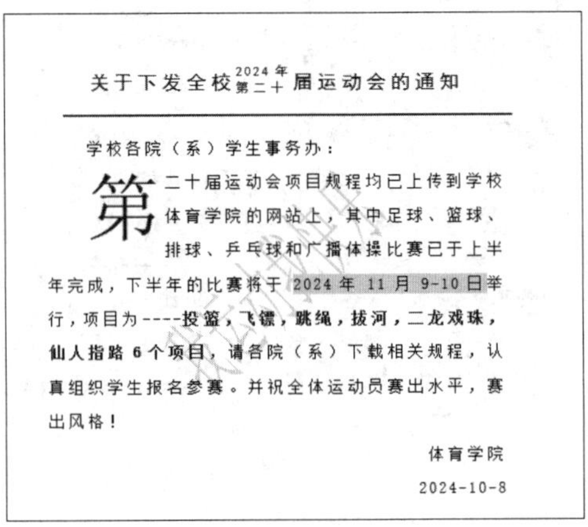

关于下发全校 2024 年第二十届运动会的通知

学校各院（系）学生事务办：

第二十届运动会项目规程均已上传到学校体育学院的网站上，其中足球、篮球、排球、乒乓球和广播体操比赛已于上半年完成，下半年的比赛将于 2024 年 11 月 9-10 日举行，项目为----**投篮，飞镖，跳绳，拔河，二龙戏珠，仙人指路 6 个项目**，请各院（系）下载相关规程，认真组织学生报名参赛。并祝全体运动员赛出水平，赛出风格！

体育学院

2024-10-8

图 2-8　通知案例

（1）字体设置：通知标题设置字体为黑体，字号为小二号，颜色为红色；通知内容设置字体为宋体，字号为四号；将文字“2024 年 11 月 9-10 日”设置为灰色底纹，字体颜色为红色；将文字“投篮，飞镖，跳绳，拔河，二龙戏珠，仙人指路 6 个项目”的颜色设置为红色。

（2）段落设置：通知标题设置为水平居中，标题中部分文字“2024 年第二十”设置成图 2-8 中的格式；通知内容设置为正文文本，两端对齐，首行缩进 2 个字符，单倍行距。落款中的学院和日期，设置为右对齐。

（3）其他设置：设置图 2-8 中的艺术字水印“我运动我快乐”，颜色为灰色；第二段内容设置首字下沉 3 行，颜色为红色。

2.2.1　字体设置

通过观察图 2-8 可以发现，文中的通知标题和下方的通知内容字体格式不一样，因此，需要进行两次字体设置，可以通过“字体”功能区域或“字体”对话框进行设置。

（1）选中通知标题“关于下发全校 2024 年第二十届运动会的通知”，单击“开始”|“字体”右下角的对话框启动器，弹出“字体”对话框，选择“字体”选项卡，设置“中文字体”为黑体，“字号”为小二，“字体颜色”为红色，如图 2-9 所示，单击“确定”按钮。也可以选择“开始”|“字体”功能区域中的工具进行设置。

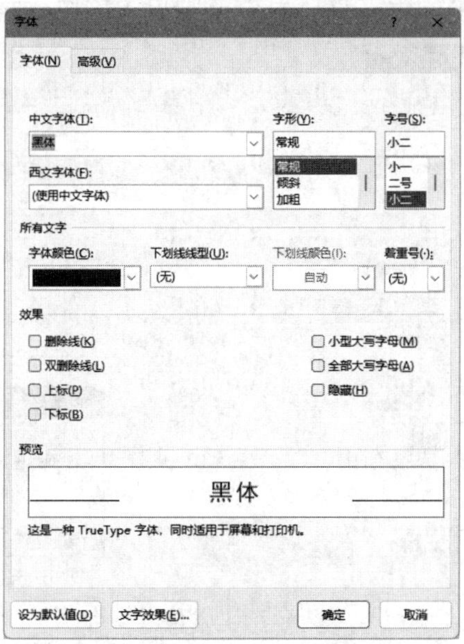

图 2-9　“字体”对话框

（2）选中通知中的内容（除标题外），在“字体”组的功能区域中，单击“字体”下拉按钮，在下拉列表中选择字体为“宋体”，再单击“字号”下拉按钮，在下拉列表中选择字号为“四号”。设置完后，选择“2024 年 11 月 9–10 日”文本内容，单击“字体颜色”A下拉按钮，选择颜色为红色，单击“字符底纹”A按钮，并为文本设置底纹。按照前面的方法，将文本“投篮，飞镖，跳绳，拔河，二龙戏珠，仙人指路 6 个项目”的字体颜色设置为红色。

2.2.2 段落设置

案例中的通知内容有四个段落，首先进行统一段落设置，包括对齐方式、缩进和行距等，然后根据实验要求，对学院和日期后面的两个段落进行“右对齐”设置，最后对通知标题中特定文字设置“中文版式”。“段落”设置同样可以通过功能区域或对话框两种方式进行设置。

（1）将光标定位到标题行，单击“开始”|“段落”组中的“居中”按钮。

（2）选中通知中的内容，单击“开始”|“段落”右下角的对话框启动器，弹出“段落”对话框，单击“缩进和间距”选项卡，在“对齐方式”中选择“两端对齐”，在“大纲级别”中选择“正文文本”，在“特殊”中选择“首行”，在“缩进值”中选择“2 字符”，在“行距”中选择“单倍行距”，如图 2-10 所示。

（3）选中学院和日期文本，单击“段落”组中的“右对齐”按钮，完成右对齐操作。

（4）选择通知标题中的“2024 年第二十”文本，单击“开始”|“段落”组中的“中文版式”下拉按钮，在下拉列表中选择“双行合一”，弹出“双行合一”对话框，如图 2-11 所示，预览结果与案例中一致，单击“确定”按钮，完成标题的设置。

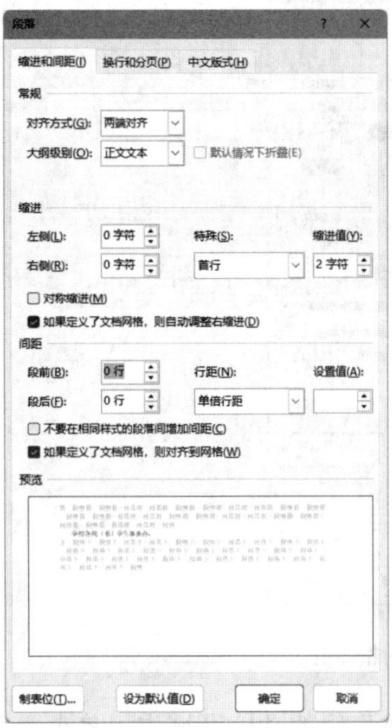

图 2-10 “段落”对话框

图 2-11 “双行合一”对话框

2.2.3 其他设置

对通知中标题和内容进行字体和段落设置后，再次观察，文中“第”字下沉，背景中还有“我运动我快乐”的水印效果，可以分别使用“首字下沉”和“水印”功能实现。

（1）将光标定位到“第”字所在的行，单击“插入”|“文本”|“首字下沉”下拉按钮，在下拉列表中单击“首字下沉选项”选项，弹出“首字下沉”对话框，单击“位置”中的“下沉”，在“下沉行数”中输入 3，如图 2-12 所示，单击“确定”按钮，完成首字下沉操作。接着，在“开始”|“字体”组中，设置字体颜色为红色。

（2）单击“设计”|“页面背景”|“水印”下拉按钮，在下拉列表中单击“自定义水印”选项，弹出“水印”对话框，选择“文字水印”单选按钮，在“文字”中输入“我运动我快乐”，设置“颜色”为“灰色”，“版式”为“斜式”，如图 2-13 所示，单击“确定”按钮，完成操作。或者双击页眉或页脚，单击“插入”|“文本”|“艺术字”下拉按钮，在下拉列表中选择需要插入的艺术字样式，单击插入到页面背景中，编辑艺术字的文字，设置它的形状、轮廓、旋转以及环绕方式等，达到图 2-8 中水印效果即可。

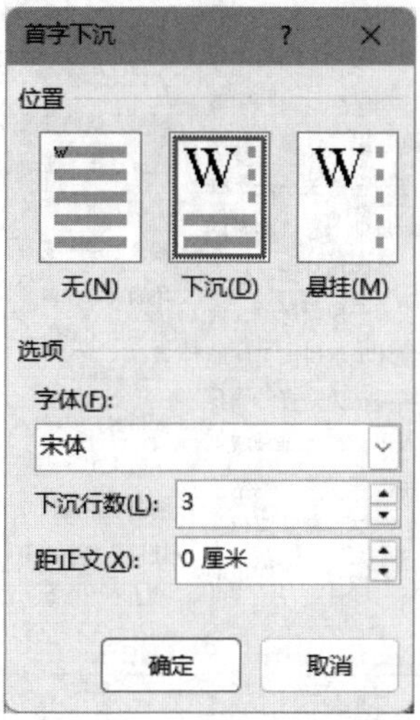

图 2-12 “首字下沉”对话框

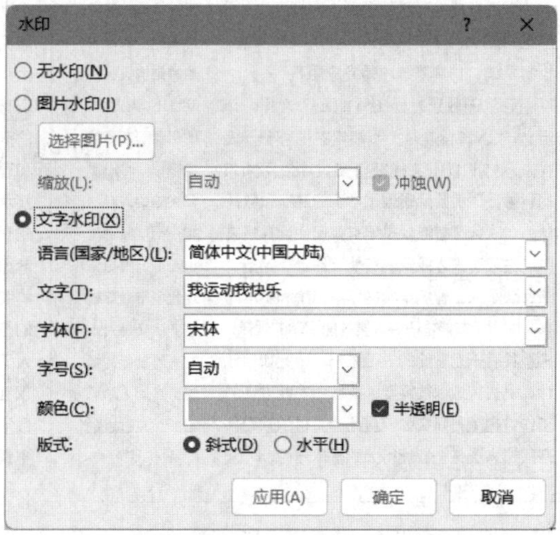

图 2-13 “水印”对话框

2.3 图文混排

实验目的

（1）掌握页面布局的设置。

（2）掌握文本框的插入、格式设置和创建链接。

实验内容

如图 2-14 所示，在 Word 中录入图中的文字，再按以下要求完成图文混排。

（1）将文中第一行“人工智能”，设置字体为“华文彩云”，字号为“一号”，居中。

（2）将人工智能正文内容分成两栏，中间设置分隔线。

（3）将“意识和人工智能”文字内容分成两部分，分别放在人工智能正文内容的中间和右侧，如图 2-14 所示。

（4）插入图片。

人工智能

人工智能的定义可以分为两部分，即“人工”和“智能”。“人工”比较好理解，争议性也不大。有时我们会要考虑什么是人力所能及制造的，或者人自身的智能程度有没有高到可以创造人工智能的地步，等等。但总的来说，“人工系统”就是通常意义下的人工系统。

人工智能在计算机领域内得到了愈加广泛的重视，并在机器人、经济政治决策、控制系统、仿真系统中得到应用。

尼尔逊教授对人工智能下了这样一个定义：“人工智能是关于知识的学科——怎样表示知识以及怎样获得知识并使用知识的科学。”美国麻省理工学院的温斯顿教授认为：“人工智能就是研究如何使计算机去做过去只有人才能做的智能工作。”这些说法反映了人工智能学科的基本思想和基本内容，即人工智能是研究人类智能活动的规律，构造具有一定智能的人工系统，研究如何让计算机去完成以往需要人的智力才能胜任的工作，也就是研究如何应用计算机的软硬件来模拟人类某些智能行为的基本理论、方法和技术。

人工智能是研究使计算机来模拟人的某些思维过程和智能行为（如学习、推理、思考、规划等）的学科，主要包括计算机实现智能的原理、制造类似于人脑智能的计算机，使计算机能实现更高层次的应用。人工智能涉及计算机科学、心理学、哲学和语言学等学科。可以说几乎是自然科学和社会科学的所有学科，其范围已远远超出了计算机科学的范畴，人工智能与思维科学的关系是实践和理论的关系，人工智能是处于思维科学的技术应用层次，是它的一个应用分支。从思维观点看，人工智能不仅限于逻辑思维，要考虑形象思维、灵感思维才能促进人工智能的突破性的发展，数学常被认为是多种学科的基础科学，数学也进入语言、思维领域，人工智能学科也必须借用数学工具，数学不仅在标准逻辑、模糊数学等范围发挥作用，数学进入人工智能学科，它们将互相促进而更快地发展。

意识和人工智能

人工智能就其本质而言，是对人的思维的信息过程的模拟。

对于人的思维模拟可以从两条道路进行：一是结构模拟，仿照人脑的结构机制，制造出“类人脑”的机器；二是功能模拟，暂时撇开人脑的内部结构，而从其功能过程进行模拟。现代电子计算机的产生便是对人脑思维功能的模拟，是对人脑思维的信息过程的模拟。

弱人工智能如今不断地迅猛发展，尤其是 2008 年经济危机后，美日欧希望借机器人等实现再工业化，工业机器人以比以往任何时候更快的速度发展，更加带动了弱人工智能和相关领域产业的不断突破，很多必须由人来做的工作如今已经能用机器人实现。而强人工智能则暂时处于瓶颈，还需要科学家们和人类的努力。

图 2-14　图文混排案例

2.3.1　字体段落设置

选中第一行“人工智能”，在“字体”功能组中，选择字体为“华文彩云”，字号为“一号”，在“段落”功能组中，单击“居中”按钮。

2.3.2　页面布局设置

（1）将人工智能正文内容选中，单击“布局”|“页面设置”|“栏”下拉按钮，在弹出的下拉列表中单击“更多栏”，弹出“栏”对话框。

（2）单击“预设”中的“两栏”图标，选中“分隔线”复选框，在“应用于”中选择“整篇文档”，如图 2-15 所示，单击“确定”按钮，完成人工智能正文内容的分栏操作。

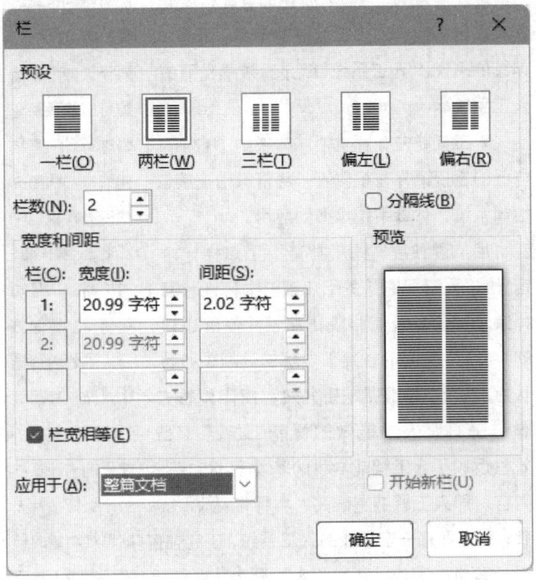

图 2-15　“栏”对话框

2.3.3　文本框使用

（1）将光标定位到分好栏的文本的任一位置，单击“插入”|“文本”|“文本框”下拉按钮，弹出下拉列表，单击“内置”中的“简单文本框”。

（2）在光标处出现文本框，将文本框中内容删除，再将“意识和人工智能”文字内容移动到文本框中，并通过鼠标控制文本框周围的控点调整文本框的大小，以和人工智能正文内容相匹配。

（3）选择调整好的文本框，单击“格式”|“形状样式”|“形状轮廓”下拉按钮，在弹出的下拉列表中单击“无轮廓”，或选择和背景色一样的颜色。

（4）单击“格式”|“排列”|“环绕文字方式”下拉按钮，在列表中单击“四周型”，如图 2-16 所示。

（5）将光标定位到分隔线右边区域，按以上步骤再次插入第二个简单文本框，删除里面的文字，再选择第一个文本框，单击“格式”|“文本”|“创建链接”命令，鼠标指针变为直立的罐状指针，移动光标到第二个文本框中，鼠标指针变成倾斜的罐状指针，单击即可将前一个文本框中多余的内容自动顺排到第二个文本框中。

（6）选择第二个文本框，按照前面的方法调整文本框大小、边框颜色和环绕方式等，显示页面右边。

人工智能的定义可以分为两部分，即“人工”和“智能”。“人工”比较好理解，争议性也不大。有时我们会要考虑什么是人力所能及制造的，或者人自身的智能程度有没有高到可以创造人工智能的地步，等等。但总的来说，“人工系统”就是通常意义下的人工系统。

人工智能在计算机领域内得到了愈加广泛的重视，并在机器人、经济政治决策、控制系统、仿真系统中得到应用。

尼尔逊教授对人工智能下了这样一个定义：“人工智能是关于知识的学科——怎样表示知识以及怎样获得知识并使用知识的科学。”美国麻省理工学院的温斯顿教授认为：“人工智能就是研究如何使计算机去做过去只有人才能做的智能工作。”这些说法反映了人工智能学科的基本思想和基本内容，即人工智能是研究人类智能活动的规律，构造具有一定智能的人工系统，研究如何让计算机去完成以往需要人的智力才能胜任的工作，也就是研究如何应用计算机的软硬件来模拟人类某些智能行为

意识和人工智能

人工智能就其本质而言，是对人的思维的信息过程的模拟。

对于人的思维模拟可以从两条道路进行：一是结构模拟，仿照人脑的结构机制，制造出“类人脑”的机器；二是功能模拟，暂时撇开人脑的内部结构，而从其功能过程进行模拟。现代电子计算机的产生便是对人脑思维功能的模拟，是对人脑思维的信息过程的

图 2-16　插入文本框

2.3.4　插入图片

（1）在网上搜索一张与人工智能相关的图片，右击，在弹出的快捷菜单中选择“复制”命令，将此图片复制到剪贴板上。

（2）将光标定位到需要插入图片的位置，按 Ctrl+V 组合键，将图片插入到文本中。

（3）选中图片，通过鼠标控制图片周围控点调整大小，以适应版面要求。

（4）单击“格式”|“排列”|“环绕方式”下拉按钮，在下拉列表中选择“四周型”，文字即可环绕在图片四周。

（5）完成图文混排操作。

2.4　制作课表

实验目的

（1）掌握表格的制作以及格式设置方法。

（2）掌握图形的插入和格式设置方法。

实验内容

制作一张如图 2-17 所示的课表。

星期 课程 时间		一	二	三	四	五
上午	第一节	数学	英语	语文	历史	语文
	第二节	数学	语文	语文	政治	语文
	第三节	语文	语文	数学	语文	化学
	第四节	语文	数学	数学	英语	物理
下午	第一节	英语	政治	英语	物理	物理
	第二节	物理	历史	英语	化学	数学
	第三节	化学	化学	物理	数学	数学
	第四节	政治	物理	化学	体育	化学

图 2-17　课表案例

2.4.1　插入表格

（1）单击“插入”|“表格”|“表格”下拉按钮，在下拉列表中单击“插入表格”，弹出“插入表格”对话框，“列数”填入 7，“行数”填入 9，如图 2-18 所示。

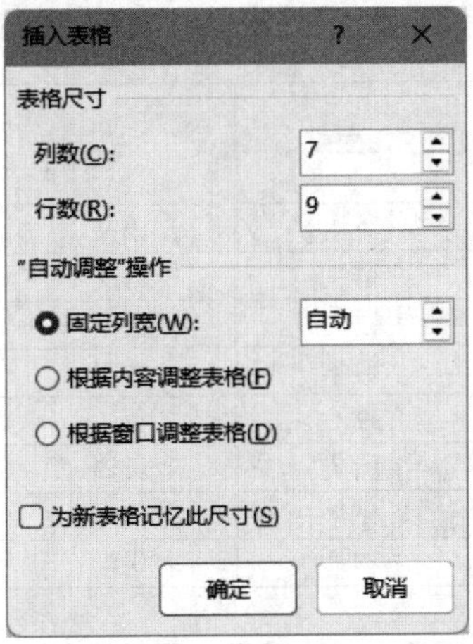

图 2-18　“插入表格”对话框

（2）单击“确定”按钮，这样就插入了一个行数为 9、列数为 7 的表格。

2.4.2　表格布局设置

（1）在表格中填入星期、时间和课程的内容，如图 2-19 所示。

		一	二	三	四	五
上　午	第一节	数学	英语	语文	历史	语文
	第二节	数学	语文	语文	政治	语文
	第三节	语文	语文	数学	语文	化学
	第四节	语文	数学	数学	英语	物理
下　午	第一节	英语	政治	英语	物理	物理
	第二节	物理	历史	英语	化学	数学
	第三节	化学	化学	物理	数学	数学
	第四节	政治	物理	化学	体育	化学

图 2-19　填入内容的表格

（2）选中第一行的第一个和第二个单元格，单击“布局”|“合并”|“合并单元格”，将所选的两个单元格合并成一个单元格。

（3）选中第一列的第二个到第五个单元格，按照上述步骤，单击“合并单元格”，将所选的四个单元格合并成一个单元格。

（4）选中第一列的第六个到第九个单元格，将所选单元格合并成一个单元格。

（5）在“布局”|“单元格大小”功能组中选择相应的功能，调整单元格的行高和列宽。

（6）选择整个表格，单击“布局”|“对齐方式”组中的“水平居中”按钮，并将星期和时间的内容设置为黑体。

（7）选中表格中的“上午”和“下午”所在的单元格，右击，在弹出的快捷菜单中选择“文字方向”命令，弹出“文字方向”对话框，在“方向”中单击文字竖排图标，单击“确定”按钮，经过布局设置之后的表格，如图 2-20 所示。

<table>
<tr><th colspan="2"></th><th>一</th><th>二</th><th>三</th><th>四</th><th>五</th></tr>
<tr><td rowspan="4">上
午</td><td>第一节</td><td>数学</td><td>英语</td><td>语文</td><td>历史</td><td>语文</td></tr>
<tr><td>第二节</td><td>数学</td><td>语文</td><td>语文</td><td>政治</td><td>语文</td></tr>
<tr><td>第三节</td><td>语文</td><td>语文</td><td>数学</td><td>语文</td><td>化学</td></tr>
<tr><td>第四节</td><td>语文</td><td>数学</td><td>数学</td><td>英语</td><td>物理</td></tr>
<tr><td rowspan="4">下
午</td><td>第一节</td><td>英语</td><td>政治</td><td>英语</td><td>物理</td><td>物理</td></tr>
<tr><td>第二节</td><td>物理</td><td>历史</td><td>英语</td><td>化学</td><td>数学</td></tr>
<tr><td>第三节</td><td>化学</td><td>化学</td><td>物理</td><td>数学</td><td>数学</td></tr>
<tr><td>第四节</td><td>政治</td><td>物理</td><td>化学</td><td>体育</td><td>化学</td></tr>
</table>

图 2-20　布局设置之后的表格

2.4.3　表格边框设置

（1）选中整个表格，单击“设计”|“边框”|“底纹”下拉按钮，在下拉列表中单击“边框和底纹”，弹出“边框和底纹”对话框，选择“边框”选项卡，在“样式”中选择双线条，“宽度”为 0.5 磅，在“预览”处，单击选择“外边框”。

（2）再选择“样式”中的单线条，“宽度”为 0.5 磅，在“预览”处，单击选择“内边框”，如图 2-21 所示。

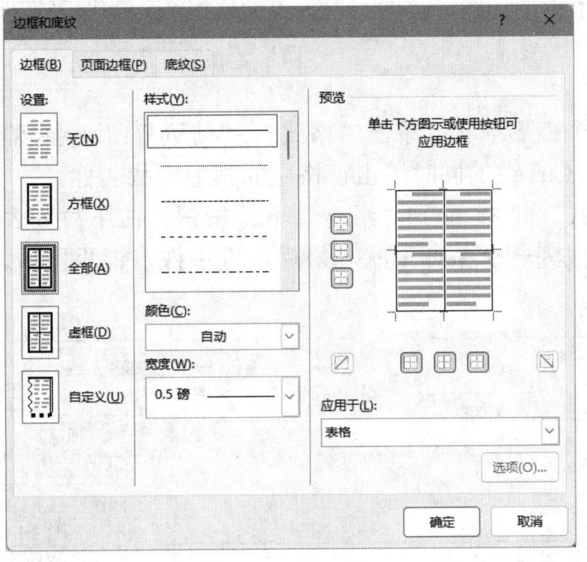

图 2-21　设置边框

（3）单击“确定”按钮，回到表格编辑状态。

（4）选择表格的第一行，同上，选择案例中的边框样式进行下边框设置。

（5）选择表格中的第 2 行到第 5 行，同上，选择三实线样式进行下边框的设置。

2.4.4　插入形状

本案例中，第一个单元格表头的设置涉及线条和文字的错位显示，可以通过插入形状来实现这种显示效果。

1. 插入线条

（1）单击“插入”|“形状”下拉按钮，在下拉列表中单击“线条”中的直线，鼠标指针变为十字形，移动鼠标指针到表头单元格上边框的合适位置，按住不放往下拖动到右下角交汇处。

（2）同上，再次插入一条直线，一头在表头单元格的左侧边框，另一头在右下角交汇处。

2. 插入矩形形状

（1）按照以上步骤，在表格任一区域，插入一个矩形形状，输入文字“星”。

（2）选中矩形形状，单击“格式”|“形状样式”|“形状填充”下拉按钮，在下拉列表中单击“无填充”。

（3）选中矩形形状，单击“形状轮廓”下拉按钮，在下拉列表中单击“无轮廓”。

（4）用同样的方法，插入5个矩形形状，分别输入文字“期”、“课”、“程”、“时”和“间”，并做同样的“形状填充”和“形状轮廓”设置。

（5）将以上6个矩形形状，移动到表头单元格区域，如课表案例那样，调整好位置。

3. 合并形状

（1）单击任一个矩形形状，单击“格式”|“排列”|“选择窗格”命令，右侧弹出“选择”窗格，按住Ctrl键的同时单击窗格中的其他形状名称。

（2）单击“格式”|“排列”|“组合”下拉按钮，在下拉列表中选择“组合”，则所有被选择的形状成为一个整体形状。最后，选中课表课程区域，将字体设置为“楷体”，如图2-22所示。

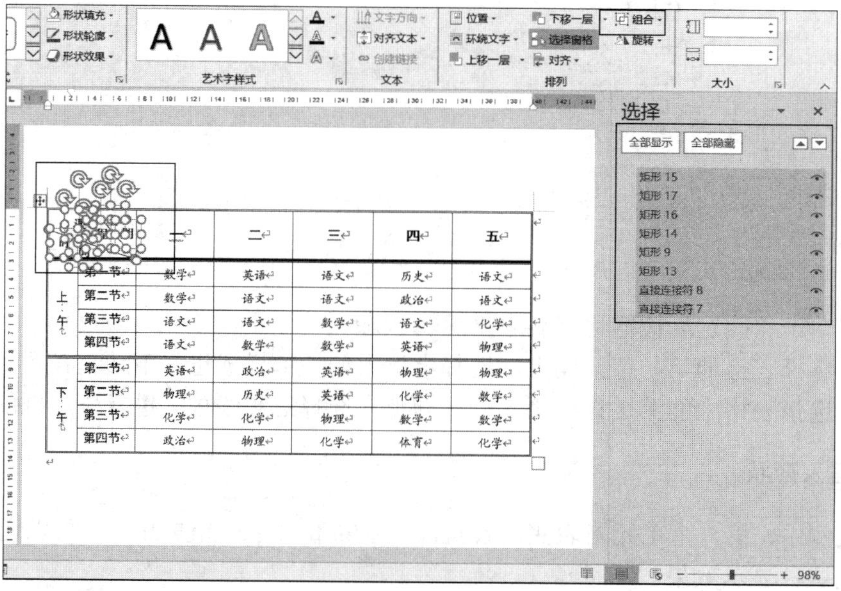

图2-22 组合形状

至此，课表制作完成。

2.5 论 文 排 版

实验目的

（1）掌握样式的设置方法。
（2）掌握页眉、页脚的设置方法。
（3）熟悉分节符的使用。
（4）掌握自动生成目录的方法。
（5）掌握插入题注和交叉引用的应用方法。

实验内容

将文字录入完成的一篇毕业论文，按照以下论文格式要求进行排版。

（1）版面尺寸：A4（21.0 厘米×29.7 厘米）；版心位置（正文位置）：上边界 3.5 厘米、下边界 3.0 厘米、左边界 3.0 厘米、右边界 2.5 厘米、装订线位置定义为 0 厘米。

（2）正文文本：宋体小四号、标准字间距、行间距为固定值 22 磅、所有标点符号采用宋体全角、英文字母和阿拉伯数字采用半角 Times New Roman 字体的要求排版，每段首行缩进两个汉字。

（3）正文内标题：正文标题采用阿拉伯数字标引（阿拉伯数字与标题文字之间空一个汉字符，不加标点符号，如一级标题 1……；二级标题 1.1……；三级标题 1.1.1……），一级标题用小二号、二级标题用三号、三级标题用小四号，字体用黑体加粗、顶格排列、前后段间距 0.5 行或 6 磅；各级标题中的英文字母和阿拉伯数字采用半角 Times New Roman 字体。

（4）文中图、表加上题注。图以文中出现先后顺序按“图 1（空两格）图名、图 2（空两格）图名……”（楷体五号加粗）随文排。表格以出现先后按“表 1（空两格）表名、表 2（空两格）表名……”（黑体五号加粗）随文排。

（5）页眉与页码：页眉从第 1 页开始设置，距边界 2.8 厘米，采用宋体五号居中，页眉为论文的一级标题文字，页码采用页脚方式设定，采用宋体五号、用“第×页（共×页）”的格式，处于页面下方、居中、距下边界 2.2 厘米的位置。

（6）目录：一级标题顶格，黑体小四号；二级标题缩进 2 个汉字符，宋体小四号；标题文字与页码之间用点线，页码居右对齐。

2.5.1　版面尺寸设置

在进行论文排版前，首先进行版面设计，包括纸张大小、方向、页边距等。

（1）单击“布局”|“页面设置”右下角的对话框启动器，弹出“页面设置”对话框。

（2）单击“页边距”选项卡，在“上”“下”“左”“右”右侧的文本框中分别输入 3.5、3.0、3.0 和 2.5，并在“装订线”右侧的文本框中输入 0。

（3）单击“纸张”选项卡，单击“纸张大小”文本框右侧的下拉按钮，在下拉列表中选择“A4”。

（4）单击“确定”按钮，完成版面设置。

以上操作也可在“页面布局”组的功能区域中，选择“纸张大小”和“页边距”命令进行设置。

2.5.2　正文文本设置

在未设置标题之前，论文中的文字都称为正文文本。

（1）单击“开始”|“样式”右下角的对话框启动器，弹出“样式”窗格，单击“管理样式”按钮，弹出“管理样式”对话框。

（2）单击“编辑”选项卡，在“选择要编辑的样式”中选择“正文”样式，如图 2-23 所示。

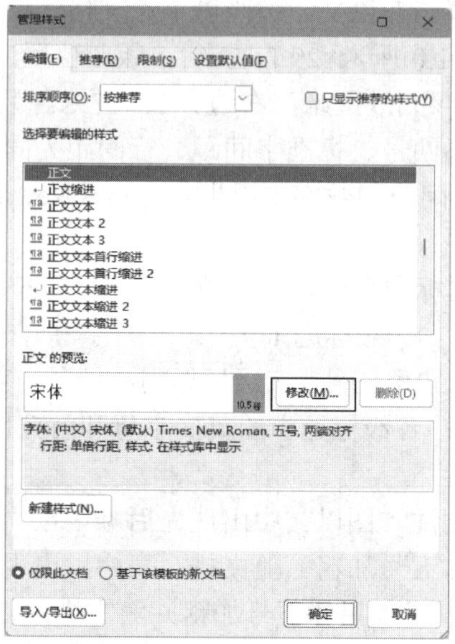

图 2-23　默认的正文样式

（3）单击“修改”按钮，弹出“修改样式”对话框。

（4）单击左下角的“格式”按钮，在弹出的列表中分别选择“字体”和“段落”，按格式要求进行设置，完成后单击“确定”按钮，回到“管理样式”对话框。如图 2-24 所示，与图 2-23 对比，“正文”样式已经修改。

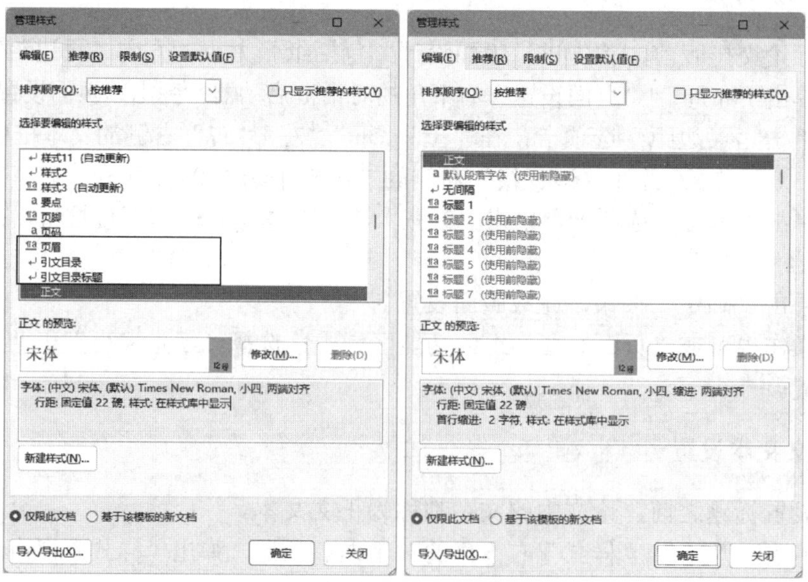

图 2-24　修改后的正文样式

（5）单击“确定”按钮，全部正文按要求排版完毕。

说明：在“样式”功能组的样式列表中，选择“正文”，右击，在弹出的快捷菜单中单击“修改”命令，弹出“修改样式”对话框，再按以上步骤进行设置，也可实现正文样式的设置。

在格式要求中，“所有标点符号采用宋体全角”实际上就是在“中文输入法”状态下输入的标点符号，字体设置为宋体即可。

2.5.3　正文内标题设置

一级标题，是目录中最高级别的标题，如本例中的“1　绪论”、“2　重力异常反演理论基础”等文本内容；二级标题，是目录中次高级别的标题，如本例中的“1.1　研究目的及意义”、“2.1　重力异常反演概述”等文本内容；三级标题，是目录中第三级别的标题，如本例中的“2.2.1　重力异常基本公式”、“2.3.1 解的非唯一性”等文本内容。

1. 设置各级标题的样式

按照正文文本设置的步骤，打开“管理样式”对话框，分别对“标题 1”、“标题 2”和“标题 3”修改样式以符合格式要求。

2. 查找各级标题内容，快速应用标题样式

本例中毕业论文共有 30 页，如果对文中的各级标题一一手动设置，费时费力。通过分析，需要设置各级标题样式的文本内容，每一级对应的文本内容都有其共同特征，可以使用通配符查找各级别的文本内容，通过查找选中后，再进行标题样式的设置。

设置标题 1 样式的文本段落特征：由数字、两个空格、标题内容及段落标记组成，故通配符表达式为“[0-9]　*^13”。

设置标题 2 样式的文本段落特征：由数字、小黑点、数字、两个空格、标题内容及段落标记组成，故通配符表达式为“[0-9].[0-9]　*^13”。

设置标题 3 样式的文本段落特征：由数字、小黑点、数字、小黑点、数字、两个空格、标题内容及段落标记组成，故通配符表达式为“[0-9].[0-9].[0-9]　*^13”。

因为标题 3 文本包含了标题 2 和标题 1 的特征，所以首先查找需要设置标题 3 样式的文本内容，然后再限制条件，在正文中查找需要设置标题 2 样式的文本，最后查找出需要设置标题 1 样式的文本内容。

1）设置标题 3 样式

（1）单击“开始”|“编辑”|“替换”，弹出“查找和替换”对话框。

（2）单击“查找”选项卡，在“查找内容”中输入“[0-9].[0-9].[0-9]　*^13”，单击“更多”按钮，然后在弹出的“搜索选项”中选中“使用通配符”复选框，单击“在以下项中查找”下拉按钮，在弹出的列表中选择“主文档”，所有需要设置标题 3 的文本段落全部选中，如图 2-25 所示，最后关闭“查找和替换”对话框。

图 2-25　查找需要设置标题 3 的文本内容

（3）文中所有需要设置标题 3 的文本段落全部被选中，如图 2-26 所示。

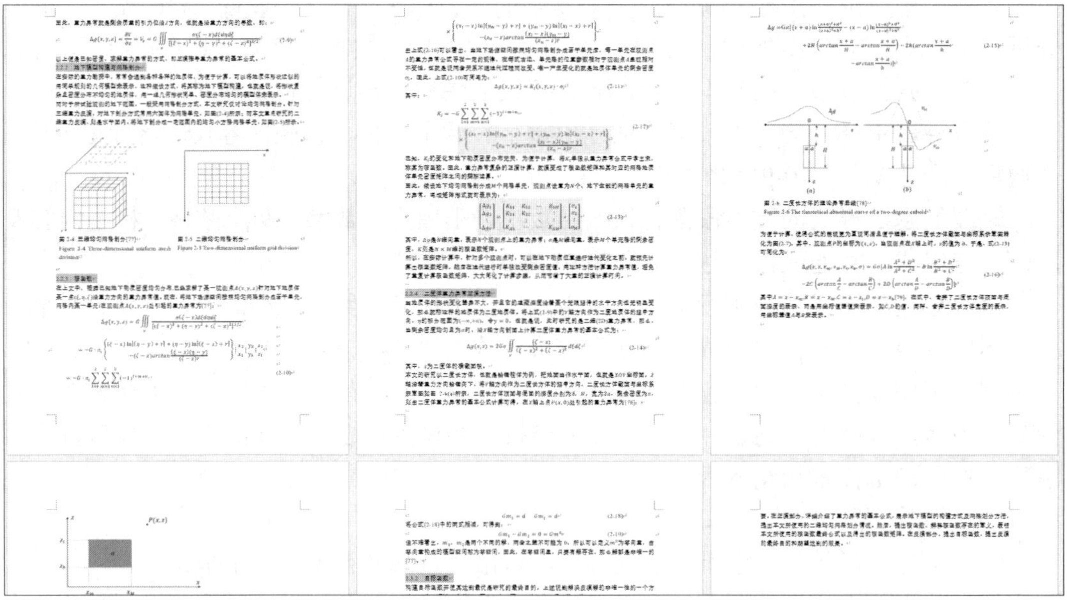

图 2-26　需要设置标题 3 的文本段落全部选中

（4）单击“开始”|“样式”中的“标题 3”，即可完成标题 3 的设置。

2）设置标题 2 样式

（1）对需要设置标题 2 的文本段落进行选择，打开“查找和替换”对话框，在“查找内容”中输入“[0-9].[0-9]　*^13”，选中“使用通配符”复选框，单击“格式”下拉按钮，在弹出的列表中选择“样式”。

（2）弹出“查找样式”对话框，选择“正文”，如图 2-27 所示，单击“确定”按钮。

（3）回到“查找和替换”对话框，单击“在以下项中查找”下拉按钮，在弹出的列表中选择“主文档”，则所有需要设置标题 2 样式的文本段落全部被选中，关闭“查找和替换”对话框。

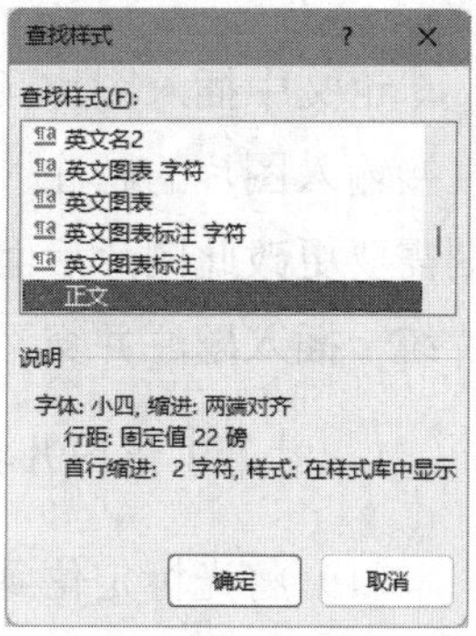

图 2-27　查找“正文”样式

（4）单击“开始”|“样式”中的“标题 2”，即可完成标题 2 的设置。

3）设置标题 1 样式

（1）与设置标题 2 样式的方法一样，设置标题 1 样式时，只需把“查找内容”改为“[0-9]　*^13”，其他设置不变，关闭“查找和替换”对话框，回到文本编辑状态。

（2）单击“开始”|“样式”中的“标题 1”，即可完成标题 1 的设置。

4）导航窗格显示标题大纲

设置好标题样式后，单击“视图”|“显示”|“导航窗格”，就可以查看导航中的“标题”，如图 2-28 所示。

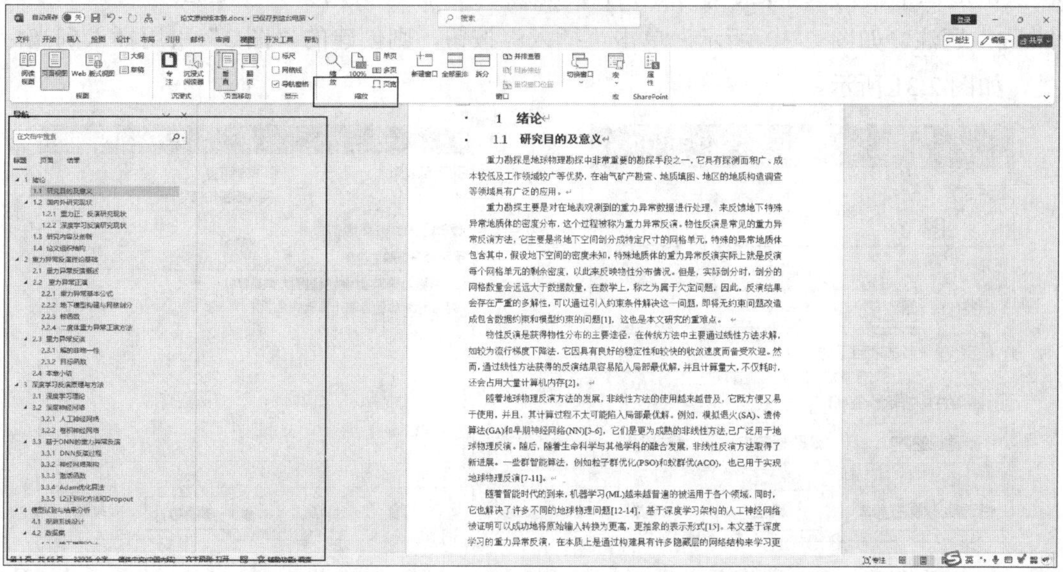

图 2-28　在导航窗格中显示标题大纲

2.5.4 为文中图表插入题注和交叉引用

论文中插入图片（表或公式等）后，要为其添加题注并在文中引用，一般情况下，直接输入图片的题注（如图 1 等）并引用，但是如果后期增加或删除中间的某张图片，则需要更改此图片后面所有图片的题注与引用，费时费力。最好的办法是给文档中的图片统一插入题注并交叉引用。

1. 对第 1 张图片插入题注

（1）将光标定位到第 1 张图片的文字说明部分。

（2）单击“引用”|“题注”|“插入题注”，弹出“题注”对话框。

（3）在“标签”中选择“图”（如果没有此标签，可单击“新建标签”按钮，在弹出的“新建标签”对话框的“标签”文本框中输入“图”），在“题注”文本框中自动生成“图 1”文字，如图 2-29 所示，单击“确定”按钮，创建的题注“图 1”即插入到光标处。

2. 交叉引用“图 1”

（1）将光标定位到文中需要引用题注的地方。

（2）单击“引用”|“题注”|“交叉引用”，弹出“交叉引用”对话框。

（3）单击“引用类型”下拉按钮，在下拉列表中选择“图”，单击“引用内容”下拉按钮，在下拉列表中选择“只有标签和编号”，在“引用哪一个题注”列表中单击“图 2”题注，如图 2-30 所示，单击“插入”按钮，则创建的“图 2”引用插入到光标处，如图 2-31 所示。

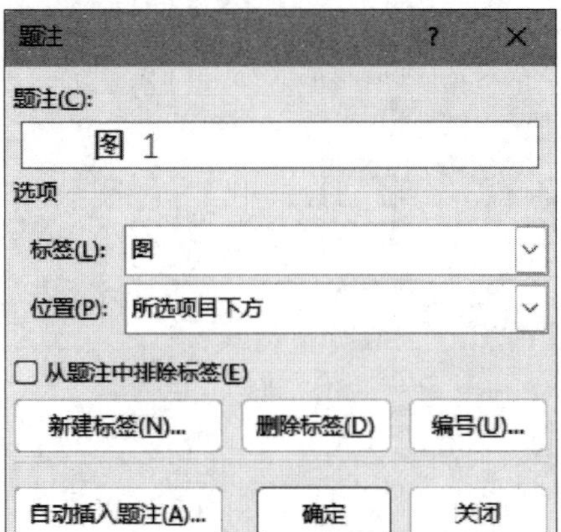

图 2-29 插入题注

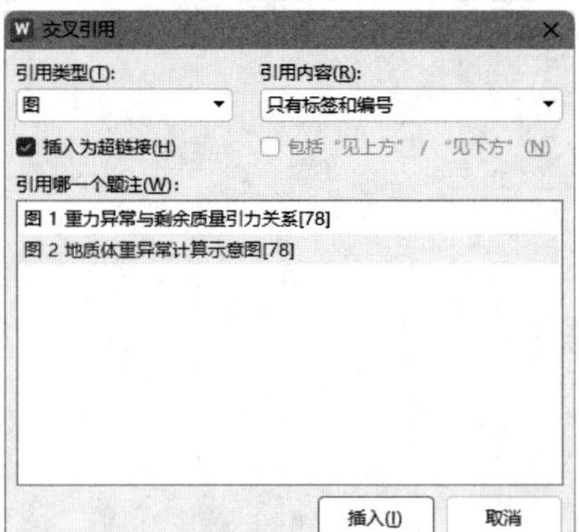

图 2-30 交叉引用“图”

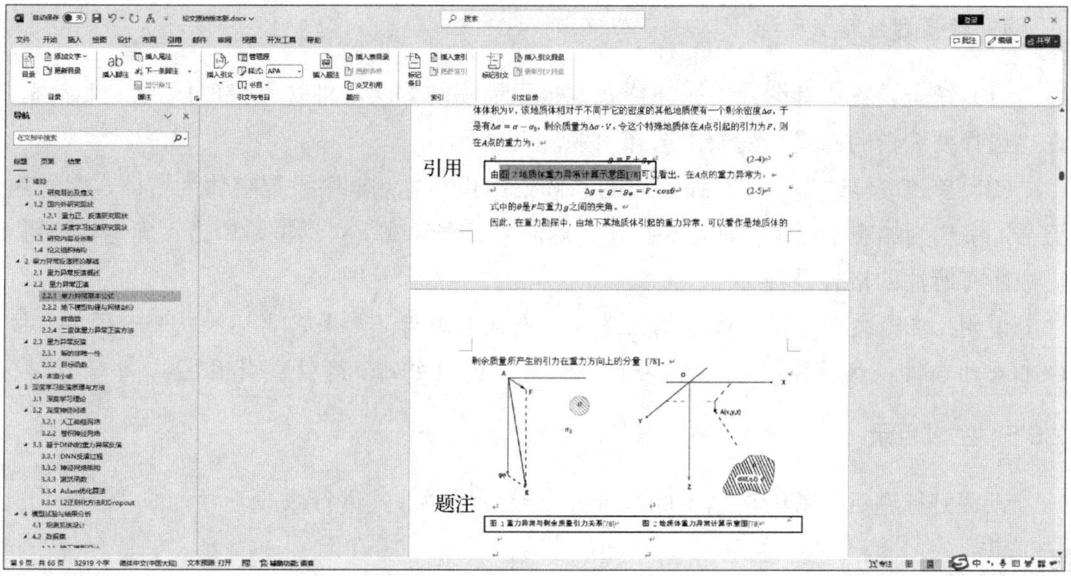

图 2-31　插入题注和引用“图 2”

3. 对其他图片进行插入题注和交叉引用

（1）将光标定位到第 2 张图片文字说明前。

（2）单击“引用”|“题注”|“插入题注”，弹出“题注”对话框，如图 2-32 所示，在“题注”文本框中自动编号为“图 2”，单击“确定”按钮，创建后的题注“图 2”自动插入到光标处。

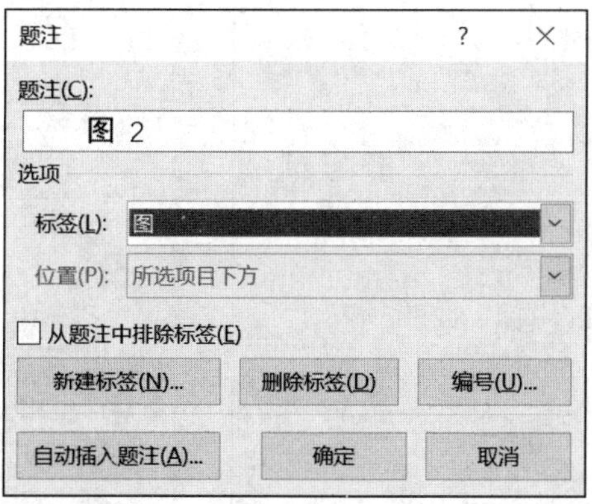

图 2-32　自动编号为“图 2”

（3）然后将光标定位到需要引用的地方，通过“交叉引用”功能将“图 2”引用到文中。

（4）对余下的图片，按照前面的方法，进行“插入题注和交叉引用”操作。

4. 设置题注格式

（1）统一设置所有图片的题注格式，根据前面的方法，打开“管理样式”对话框，在“选择要编辑的样式”列表中选择“题注”。

（2）单击“修改”按钮，在弹出的“修改样式”对话框中设置字体为楷体，字号为五号，字形为加粗，单击“确定”按钮，返回“管理样式”对话框，单击“确定”按钮，完成所有题注的格式设置。

说明：在论文中对图片设置插入题注和交叉引用后，如果需要插入或删除图片，按Ctrl+A组合键，然后再按F9键，即可自动更新图片中的“题注和引用”。

2.5.5 生成目录

设置好标题后，就能自动生成目录并对目录中的格式进行修改。

1. 插入目录

（1）将光标定位到文档的首部。

（2）单击“引用”|“目录”|“目录”下拉按钮，在下拉列表中选择“自动目录1”，如图2-33所示。

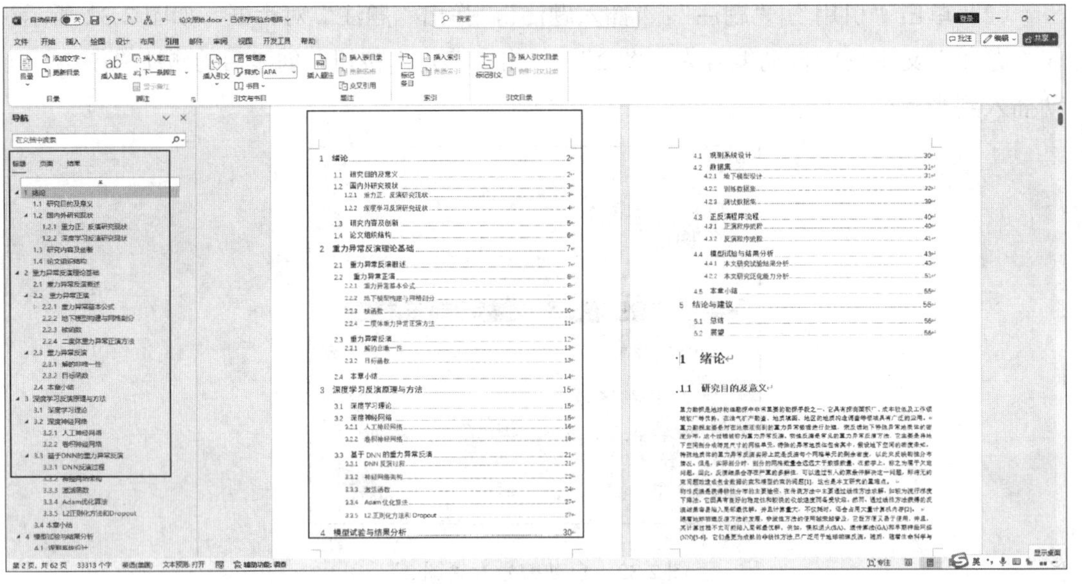

图2-33 插入目录

说明：如图2-33所示，目录中包括一级标题、二级标题和三级标题，而论文格式要求只显示一级标题和二级标题，因此需要更改目录。

2. 修改目录级别

（1）单击“引用”|“目录”|“目录”下拉按钮，在下拉列表中选择“自定义目录”，弹出“目录”对话框，如图 2-34 所示。

（2）单击“选项”按钮，弹出“目录选项”对话框，在“目录级别”中将数字“3”删除，如图 2-35 所示，单击“确定”按钮。

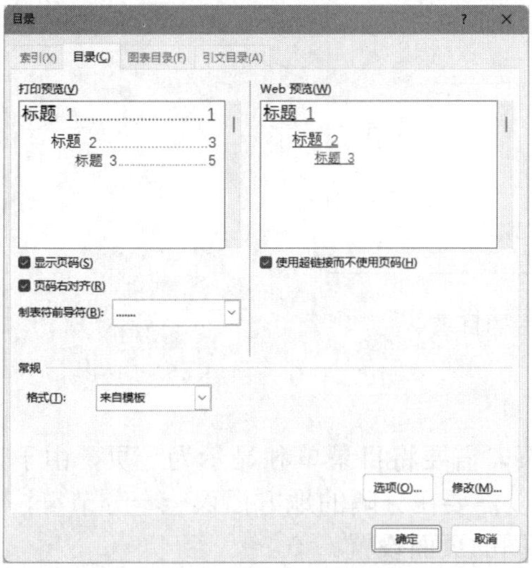

图 2-34　“目录”对话框

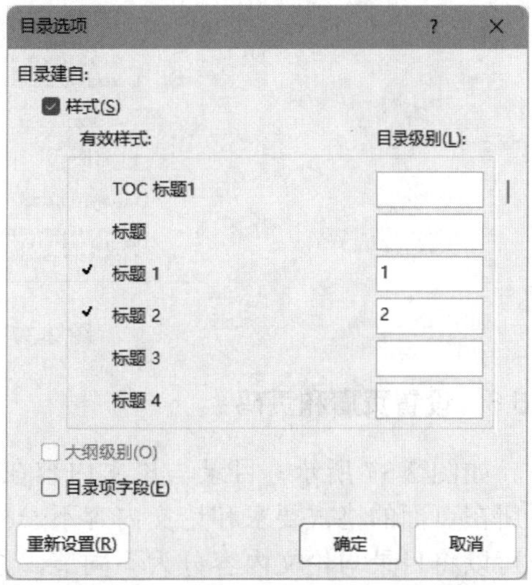

图 2-35　修改目录级别

3. 修改目录格式

（1）回到“目录”对话框，单击“修改”按钮，弹出“样式”对话框，如图 2-36 所示。

（2）单击“样式”中的“TOC1”，单击“修改”按钮，在弹出的“修改样式”对话框中设置字体为黑体，字号为小四号，单击“确定”按钮，完成标题 1 样式修改。

（3）单击“样式”中的“TOC2”，单击“修改”按钮，在弹出的“修改样式”对话框中设置字体为宋体，字号为小四号，设置段落特殊为首行，缩进值为 2，单击“确定”按钮，完成标题 2 样式修改。

（4）返回到“样式”对话框，单击“确定”按钮。

（5）返回到“目录”对话框，单击“确定”按钮，完成目录的更新，如图 2-37 所示。

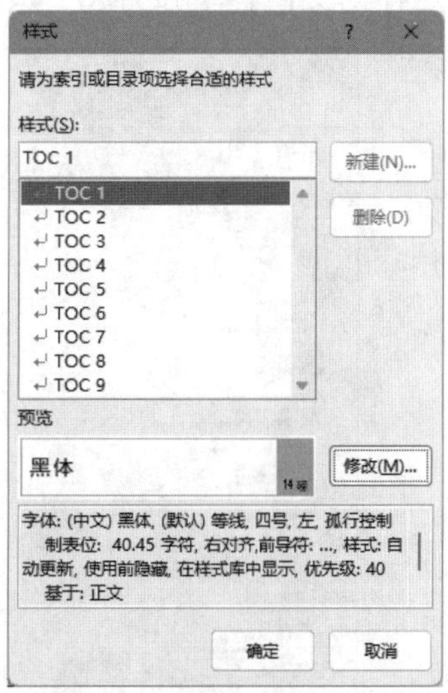

图 2-36　修改各级标题样式

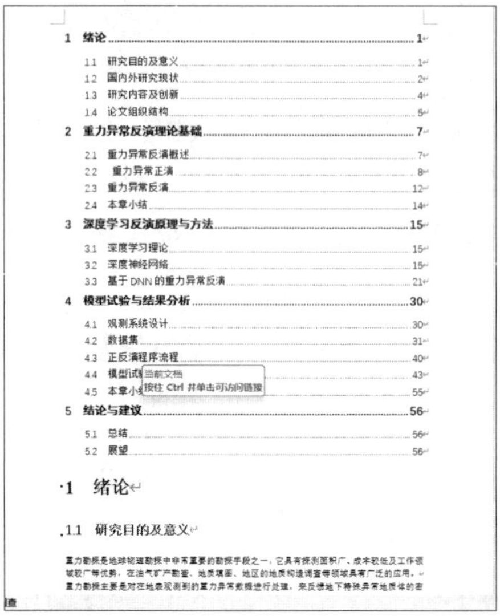

图 2-37　更新后的目录

2.5.6　设置页眉和页码

如图 2-37 所示，目录与论文内容在同一页，需要将目录单独显示为一页，由于目录所在页面的格式要求和论文内容不一样，所以需要在分隔的地方插入一个分节符，这样可以将目录与论文内容分为不同节，进行不同的页面设置。

1. 插入分节符

（1）将光标定位到图 2-37 中的“1 绪论”之前。

（2）单击“布局”|“分隔符”下拉按钮，在下拉列表中选择“分节符”|“下一页”，这样论文内容单独另起一页，处于文档第 2 节，目录处于第 1 节，如图 2-38 所示。

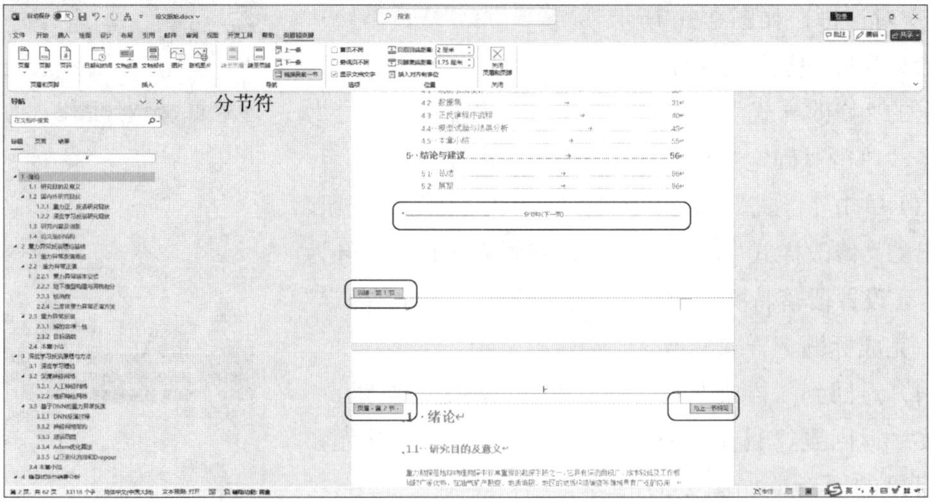

图 2-38　插入分节符

2. 插入第 1 章页眉

（1）目录所在页不需要插入页眉和页脚，而论文内容每章的页眉需要设置为每章的一级标题，这时将光标定位到第 2 节的页眉处，会看到图 2-38 中右下角的“与上一节相同”文字信息。

（2）单击“设计”|“导航”|“链接到前一节”，取消选中状态，第 2 节页眉处的“与上一节相同”文字消失，如图 2-39 所示。

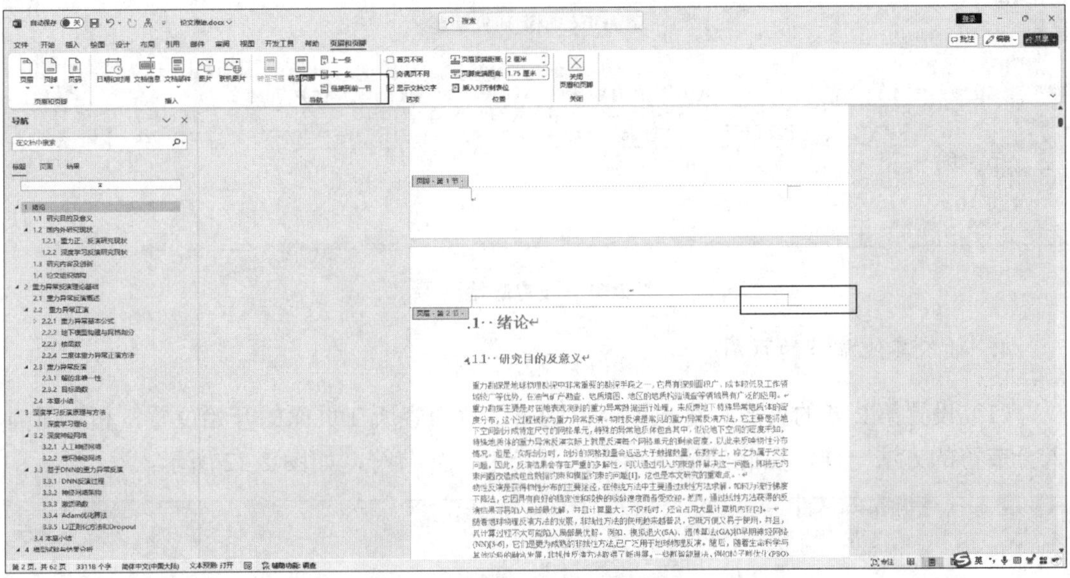

图 2-39 取消“与上一节相同”

（3）在第 2 节页眉的位置输入“1 绪论”，则第 2 节所有的页眉均显示为此内容。

3. 插入页码

（1）将光标定位到第二节的页脚处，单击“插入”|“页眉和页脚”|“页码”下拉按钮，在下拉列表中选择“页面底端”|“简单”|“普通数字 2”，则在论文内容中自动出现页码，如图 2-40 所示。

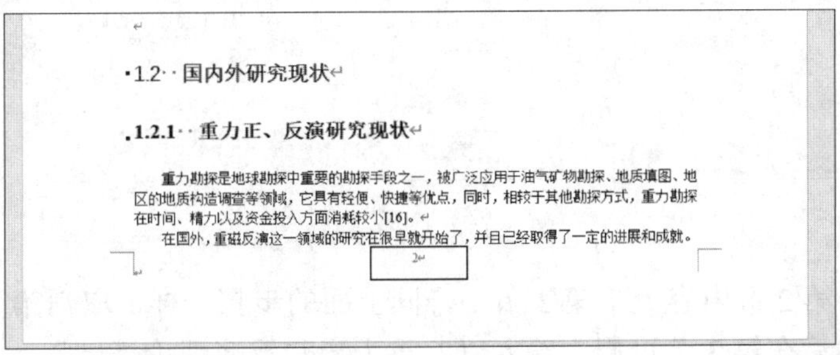

图 2-40 设置页码

（2）此时论文正文第 1 页的页码显示为“2”，单击“插入”|“页眉和页脚”|“页码”下拉按钮，在下拉列表中选择“设置页码格式”，弹出“页码格式”对话框。

（3）选择“页码编号”区域中的“起始页码”单选按钮，并在其后的文本框中输入数字“1”，如图 2-41 所示，单击“确定”按钮，此时论文正文第 1 页页码由“2”变为“1”。

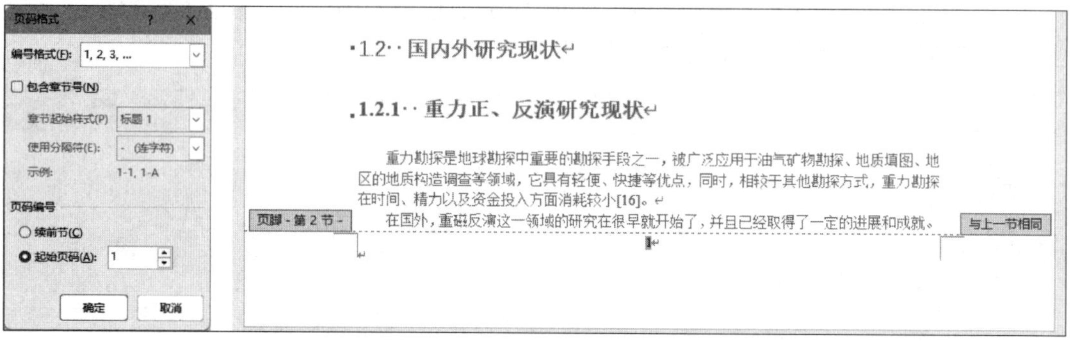

图 2-41 设置起始页码

4. 插入其他章节的页眉

（1）设置第 2 章的页眉。将光标定位到第 2 章内容所在页面的开始位置，和上面插入分节符的方法一样，在此处插入一个“下一节”分节符，如图 2-42 所示。

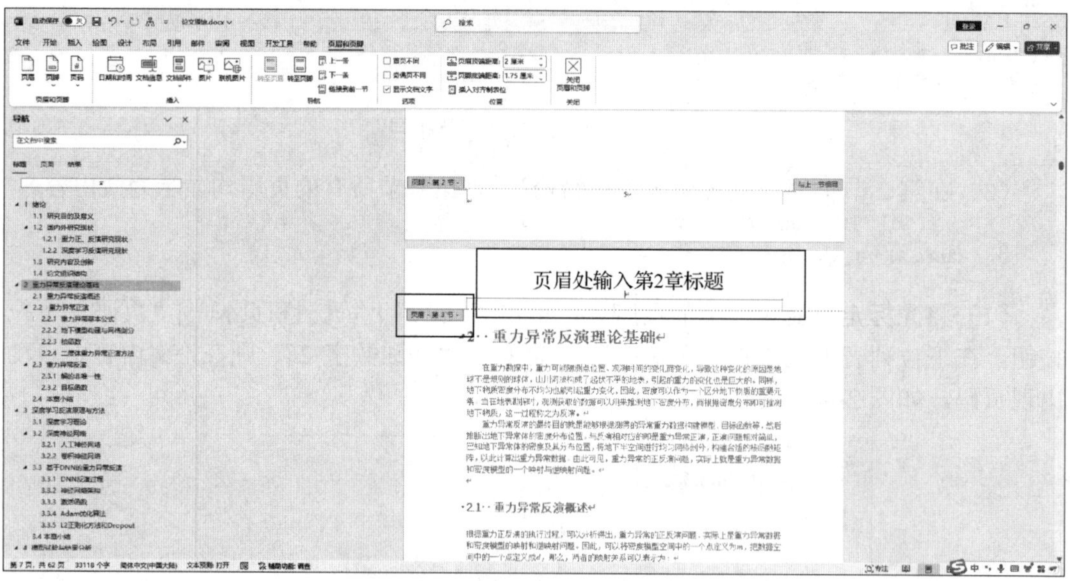

图 2-42 插入分节符

（2）这样，第 2 章内容处于第 3 节中，同上面的步骤一样，取消第 3 节“链接到前一节”设置，然后在第 3 节页眉中输入“2 重力异常反演理论基础”。

（3）其余章节采用以上方法，设置页眉。

5. 设置页眉格式

（1）双击任一页眉的位置，将光标定位到页眉，设置字体为宋体五号、段落格式居中。

（2）打开“页面设置”对话框，单击“布局”选项卡，在“距边界”|“页眉”微调框中输入 2.8 厘米。

6. 设置页脚格式

（1）将光标定位到页脚，选中页码，设置字体为宋体五号，设置段落格式为居中，并在数字页码前加上文字“第”，数字页码后加上“页（共 30 页）”。

（2）单击“设计”选项卡，在“位置”|“页脚底端距离”中输入 2.2 厘米，完成页眉页脚格式的设置。

7. 删除目录中的页码

（1）将光标定位到论文第 1 页的页脚位置，按照前面的方法，取消第 2 节“链接到前一节”设置。

（2）将光标定位到目录所在的页码位置，选中页码，按 Delete 键删除。

2.5.7　打印预览

论文按要求排版完毕，单击“文件”|“打印”，右侧出现预览窗格，可调整右下角的缩放比例预览排版效果。

2.6　单元格引用案例

实验目的

掌握单元格地址的相对引用、绝对引用和混合引用。

实验内容

（1）使用相对引用计算产品销售额。

（2）使用绝对引用计算每月销售额和累计销售额。

（3）使用混合引用计算不同产品的销售额。

	A	B	C	D
1	1. 相对引用			
2	产品编号	产品数量	产品单价	产品销售额
3	CP001	20	2.5	
4	CP002	30	6	
5	CP003	40	10	
6	CP004	50	12.5	
7	CP005	36	5	
8	CP006	20	8	
9	CP007	55	11	
10	CP008	90	15	
11	CP009	86	25	

图 2-43　相对引用应用案例

2.6.1　相对引用

如图 2-43 所示，根据产品数量和产品单价，计算产品销售额。通过分析，产品销售额=产品数量×产品单价。

（1）选择单元格 D3，输入公式“=B3*C3”，按 Enter 键，计算出第一个产品的销售额。

（2）选定单元格 D3 右下角的填充柄，双击，公式自动填充到单元格 D11（或者拖动填充柄至 D11，释放鼠标）。

（3）计算出所有产品的销售额。

说明：双击或拖动填充柄进行公式复制时，每种产品的销售额会随着引用单元格的位置变化而变化，即公式所在单元格的位置改变，单元格引用也随之改变，如 D3 的公式是“=B3*C3”，则 D4 的公式是“=B4*C4”，……，D11 的公式是“=B11*C11”，这种引用方式为相对引用。

在本例中，复制公式是以列为基准的，通过观察，在复制过程中，公式中的 B3 变化为 B4，B4 变化为 B5，即列号不变，行号在变化，这种表示方式和混合引用中绝对列相对行是等价的，比如 B3 和$B3 等价，B4 和$B4 等价，所以以上公式可以改变为“=$B3*$C3”。

思考：如果以行为基准复制公式，公式中的相对引用与混合引用的哪一种形式等价？

2.6.2 绝对引用

如图 2-44 所示，根据产品数量、产品单价计算每月销售额；根据产品数量和每月销售额，计算累计销售额。通过分析，每月销售额=产品单价×产品数量；累计销售额=1 月到当月每月销售额之和。

	A	B	C	D	E
13	2. 绝对引用				
14	产品单价	5			
15					
16	月份	产品编号	产品数量	每月销售额	累计销售额
17	1	CP001	10		
18	2	CP001	15		
19	3	CP001	20		
20	4	CP001	25		
21	5	CP001	30		
22	6	CP001	40		
23	7	CP001	40		
24	8	CP001	20		

图 2-44 绝对引用应用案例

1. 计算每月销售额

（1）选择单元格 D17，输入公式“=$B$14*C17”，按 Enter 键。

（2）选定单元格 D17 右下角的填充柄，双击，公式自动填充到 D24。

（3）完成每月销售额的计算。

2. 计算累计销售额

（1）选择单元格 E17，输入函数“=SUM($D$17:D17)”，按 Enter 键。

（2）选定单元格 E17 右下角的填充柄，双击，公式自动填充到 E24。

（3）完成累计销售额的计算。

说明：由于每月销售额中的产品数量随着公式所在单元格的位置改变而变化，因此公式中的单元格地址使用相对引用；而产品单价随着公式所在单元格的位置改变而不会变化，所以公式中的单元格地址使用绝对引用。

由于累计销售额都是从 1 月到当月的每月销售额之和，因此使用求和函数 SUM 时，计算的范围始终从 1 月开始，此单元格地址的引用不会变化，因此使用绝对引用。

2.6.3　混合引用

如图 2-45 所示，在单元格区域 B3:J11 中输入公式或函数，计算得出九九乘法表。

	A	B	C	D	E	F	G	H	I	J
1	九九乘法表									
2	*	1	2	3	4	5	6	7	8	9
3	1									
4	2									
5	3									
6	4									
7	5									
8	6									
9	7									
10	8									
11	9									

图 2-45　混合引用应用案例

使用混合引用计算九九乘法表中行列乘积：

（1）选择单元格 B3，输入公式“=B$2*$A3”，按 Enter 键。

（2）选择单元格 B3，向右拖动填充柄至 J3。

（3）选择单元格 B3:J3，向下拖动填充柄至 J11，释放鼠标。

说明：在本例中，单元格的地址只能使用相对引用，公式“=B$2*$A3”，A3 的列号采用绝对引用，行号采用相对引用，因此向右拖动时列号 A 保持不变，向下拖动时行号 3 会变化。同理，B2 的行号采用绝对引用，列号采用相对应用，所以向下拖动时行号 2 保持不变，向右拖动时列号 B 会变化，这样的引用方式正好满足需求。

2.7 公式和函数应用案例

实验目的

（1）掌握公式和常用函数的输入与使用方法。

（2）熟悉数据有效性设置。

（3）熟悉条件格式的设置。

实验内容

如图 2-46 所示为实验中学七（七）班的数学成绩单；如图 2-47 所示为成绩分析表，根据数学成绩表中的数据完成以下操作。

	A	B	C	D	E	F	G	H
1	学号	姓名	平时成绩	期中成绩	期末成绩	学期成绩	班级名次	期末总评
2	C121401	陈庆康	85	88	90			
3	C121402	邓淑芬	116	102	117			
4	C121403	何涵	113	99	100			
5	C121404	李浩男	99	89	96			
6	C121405	李金星	100	112	113			
7	C121406	李俊	113	105	99			
8	C121407	李凯	79	102	104			
9	C121408	李美威	96	92	89			
10	C121409	李儒友	75	85	83			
11	C121410	李涛	83	76	81			
12	C121411	李尉	107	106	101			
13	C121412	李宇飞	74	86	88			
14	C121413	刘艳	90	91	94			
15	C121414	刘壮	112	116	107			
16	C121415	商振	94	90	91			
17	C121416	邵志浩	90	81	96			
18	C121417	艾远	82	88	77			
19	C121418	陈思琦	90	95	101			
20	C121419	陈正	103	104	117			

数学成绩单 | 成绩分析表

图 2-46　数学成绩单

	A	B	C	D	E	F
1			学期成绩分析表			
2	分数段	优秀（108-120）	良（96-107）	中（84-95）	及格（72-83）	不及格（72分以下）
3	人数					
4	百分比					
5	最高分		最低分		平均分	

图 2-47　成绩分析表

（1）在数学成绩单中，计算学期成绩、班级名次和期末总评。

其中，学期成绩=平时成绩*0.1+期中成绩*0.2+期末成绩*0.7，班级名次根据学期成绩计算，计算结果显示为“第？名”形式（？代表具体名次），期末总评是学期成绩≥108 分显示“优秀”，学期成绩<84 分显示“还需努力”，其他不显示任何信息。

（2）在成绩分析表中，计算班级中优秀、良、中、及格和不及格的人数以及百分比，计算数学成绩表中的最高分、最低分和平均分。

（3）在数学成绩单中，设置平时成绩、期中成绩和期末成绩分数区域中的值在整数 0～120 之间，一旦超过这个范围，弹出警告信息“请输入合法的数据！”。

（4）将“还需努力”的学生姓名设置为红色突显。

2.7.1 公式和函数的使用

1. 在数学成绩单中使用公式和函数

1）计算学期成绩

（1）选择单元格 F2，输入公式“=C2*0.1+D2*0.2+E2*0.7”，按 Enter 键。

（2）双击 F2 右下角的填充柄或者拖动填充柄到最后单元格，完成公式的自动填充。

2）计算班级名次

（1）选择单元格 G2，输入公式“="第"&RANK.EQ(F2,$F$2:$F$45,0)& "名"”，按 Enter 键。

（2）拖动 F2 右下角的填充柄到 F45，完成公式的自动填充。

3）计算期末总评

（1）选择单元格 H2，输入函数“=IF(F2>=108,"优秀",IF(F2>=84,"","还需努力"))，按 Enter 键。

（2）拖动 H2 右下角的填充柄到 H45，完成公式的填充。

说明： 学期成绩直接通过公式实现，公式中的单元格在公式位置变化时随着变化，所以单元格地址使用相对引用；班级名次可以通过 RANK.EQ 函数实现，第一个参数代表排名的分数，第二个参数代表排名的范围，第三个参数代表升序或降序，0 代表降序，1 代表升序。这里第一个参数分数是随着公式位置变化而变化的，所以单元格地址使用相对引用；第二个参数排名的范围，公式填充时始终保持不变，因此单元格地址使用绝对引用。

2. 在成绩分析表中使用公式和函数

1）计算分数段人数

（1）选择单元格 B3，输入函数“=COUNTIF(数学成绩单!F2:F45,">=108")”，按 Enter 键。

（2）选择单元格 C3，输入函数“= COUNTIF(数学成绩单!F2:F45,">=96")−B3”，按 Enter 键。

（3）选择单元格 D3，输入函数“= COUNTIF(数学成绩单!F2:F45,">=84")−B3−C3”，按 Enter 键。

（4）选择单元格 E3，输入函数“= COUNTIF(数学成绩单!F2:F45,">=72")−B3−C3−D3”，按 Enter 键。

（5）选择单元格 F3，输入函数“= COUNTIF(数学成绩单!F2:F45,"<72")”，按 Enter 键。

2）计算百分比

（1）选择单元格 B4，输入公式“= C3/SUM($B$3:$F$3)”，按 Enter 键。

（2）拖动单元格 B4 右下角的填充柄至 F4，完成公式的填充。

3）最高分、最低分和平均分

（1）选择单元格 B5，输入函数“= MAX(数学成绩单!F2:F45)”，按 Enter 键。

（2）选择单元格 D5，输入函数“= MIN(数学成绩单!F2:F45)”，按 Enter 键。

（3）选择单元格 F5，输入函数“= AVERAGE(数学成绩单!F2:F45)”，按 Enter 键。

说明：计算分数段，除了 COUNTIF 函数之外，还可以使用满足多个条件的计数函数 COUNTIFS。

2.7.2 数据有效性

（1）选择数学成绩单中的单元格区域 C2:E45，单击“数据”|“数据工具”|“数据验证”下拉按钮，在下拉列表中选择“数据验证”。

（2）在弹出的“数据验证”对话框中，选择“设置”选项卡，单击“允许”下方的下拉按钮，在下拉列表中选择“整数”，单击“数据”下方的下拉按钮，在下拉列表中选择“介于”。

（3）在“最小值”下方文本框中输入 0，在“最大值”下方文本框中输入 120，如图 2-48 所示。

（4）单击“出错警告”选项卡，在“样式”中选择“警告”，在“标题”中输入“出错信息”，在“错误信息”中输入“请输入合法的数据！”，如图 2-49 所示。

图 2-48 数据验证“设置”选项

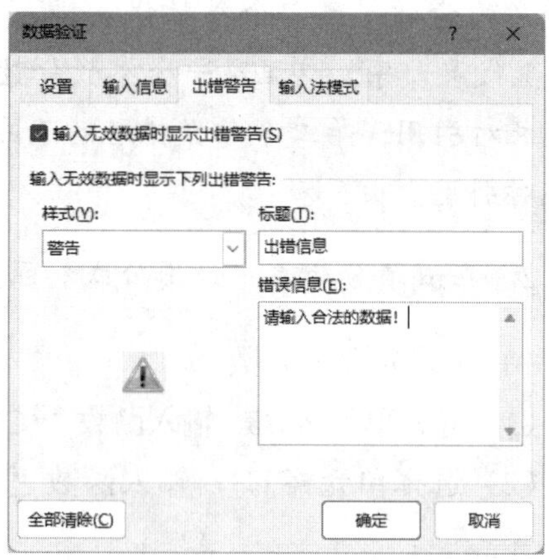

图 2-49 “出错警告”设置

说明：在 Excel 中，利用数据验证可以对数据的录入添加一定的限制条件。比如，以上区域通过数据验证的基本设置使单元格只能录入整数，并且在 0～120 之间，如果超出这个范围，就会弹出警告信息，提醒用户重新输入正确的分数。除了对整数进行数据验证设置之外，还可以对小数、时间、日期等进行设置，而且还能创建下拉菜单选项。

2.7.3　条件格式

（1）选择“姓名”列单元格区域 B2:B45，单击“开始”|“样式”|“条件格式”下拉按钮，在下拉列表中选择“新建规则”，弹出“新建格式规则”对话框。

（2）在“选择规则类型”中选择“使用公式确定要设置格式的单元格”。

（3）在“为符合此公式的值设置格式”下方的文本框中，输入“= H2="还需努力"”，单击“格式”按钮，弹出“设置单元格格式”对话框。

（4）单击“字体”选项卡，设置字体颜色为红色，单击“确定”按钮。

（5）返回“新建格式规则”对话框，如图 2-50 所示，单击“确定”按钮。

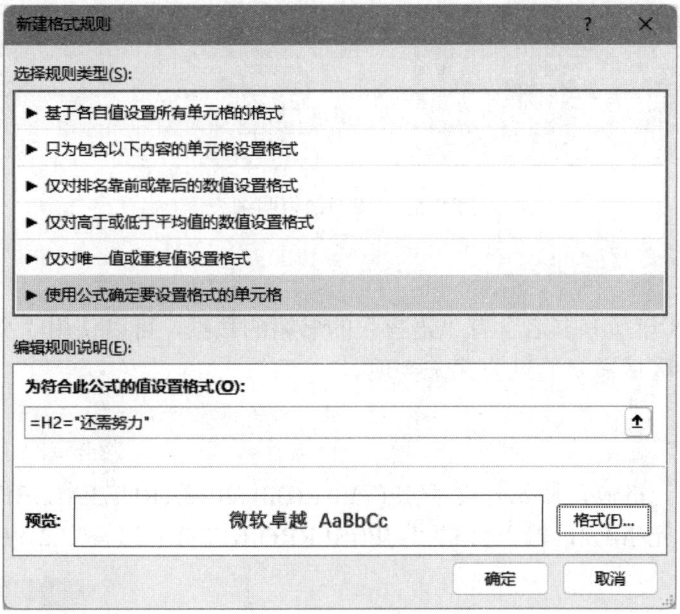

图 2-50　设置条件格式

（6）完成条件格式的操作。

2.8　数据管理与分析

实验目的

掌握使用分类汇总、筛选和数据透视表等对数据进行统计分析的方法。

实验内容

对图书销售明细表中的数据，完成以下操作，如图 2-51 所示。

（1）筛选出 2018 年所有书名含有“语言”的书籍的数据。

（2）统计每个书店不同年份的图书销售总额。

	A	B	C	D	E	F	G	H
1	订单编号	日期	书店名称	图书编号	图书名称	单价	销量（本）	小计
2	TS-00001	2018年1月2日	强盛书店	BK-18021	《大学计算机基础》	56	62	3472
3	TS-00005	2018年1月6日	强盛书店	BK-18028	《MS Office高级应用》	59	32	1888
4	TS-00006	2018年1月9日	强盛书店	BK-18029	《计算机网络基础》	65	3	195
5	TS-00000	2018年1月10日	强盛书店	BK-18031	《软件测试技术》	56	3	168
6	TS-00011	2018年1月11日	强盛书店	BK-18023	《C语言程序设计》	62	36	2232
7	TS-00013	2018年1月12日	强盛书店	BK-18036	《数据库原理》	57	43	2451
8	TS-00015	2018年1月15日	强盛书店	BK-18025	《Java语言程序设计》	59	30	1770
9	TS-00016	2018年1月16日	强盛书店	BK-18026	《Access数据库程序设计》	61	43	2623
10	TS-00017	2018年1月16日	强盛书店	BK-18037	《软件工程》	65	40	2600
11	TS-00018	2018年1月17日	强盛书店	BK-18021	《大学计算机基础》	56	44	2464
12	TS-00020	2018年1月19日	强盛书店	BK-18034	《操作系统原理》	59	35	2065
13	TS-00024	2018年1月24日	强盛书店	BK-18030	《数据库技术》	61	32	1952
14	TS-00025	2018年1月25日	强盛书店	BK-18031	《软件测试技术》	56	69	3864
15	TS-00027	2018年1月26日	强盛书店	BK-18022	《Python语言基础》	56	29	1624
16	TS-00028	2018年1月29日	强盛书店	BK-18023	《C语言程序设计》	62	45	2790
17	TS-00029	2018年1月30日	强盛书店	BK-18032	《信息安全技术》	59	4	236
18	TS-00030	2018年1月31日	强盛书店	BK-18036	《数据库原理》	57	7	399
19	TS-00035	2018年2月5日	强盛书店	BK-18030	《数据库技术》	61	30	1830
20	TS-00036	2018年2月6日	强盛书店	BK-18031	《软件测试技术》	56	48	2688
21	TS-00037	2018年2月7日	强盛书店	BK-18035	《计算机组成与接口》	60	3	180
22	TS-00039	2018年2月9日	强盛书店	BK-18023	《C语言程序设计》	62	3	186
23	TS-00041	2018年2月12日	强盛书店	BK-18033	《嵌入式系统开发技术》	66	25	1650

图 2-51　图书销售明细表

2.8.1　筛选

筛选出 2018 年所有书名含有“语言”的书籍的数据，可以使用“高级筛选”功能，根据题意，条件区域需要通过公式来实现。

1. 设置筛选条件

（1）选择单元格 J2，输入公式“=IF(YEAR(B2)=2018,TRUE,FALSE)”，按 Enter 键。

（2）选择单元格 K2，输入公式“=IF(ISERROR(FIND("语言",E2)),FALSE,TRUE)”，按 Enter 键。

2. 高级筛选

（1）单击“数据”|“排序与筛选”|“高级”，弹出“高级筛选”对话框。

（2）如图 2-52 所示，“列表区域”中填入的是数据区域，“条件区域”中填入的是条件区域（选择$J$1:$K$2 区域），“方式”为“将筛选结果复制到其他位置”，“复制到”填入的是结果显示的第一个单元格的位置。

（3）单击“确定”按钮，结果如图 2-53 所示。

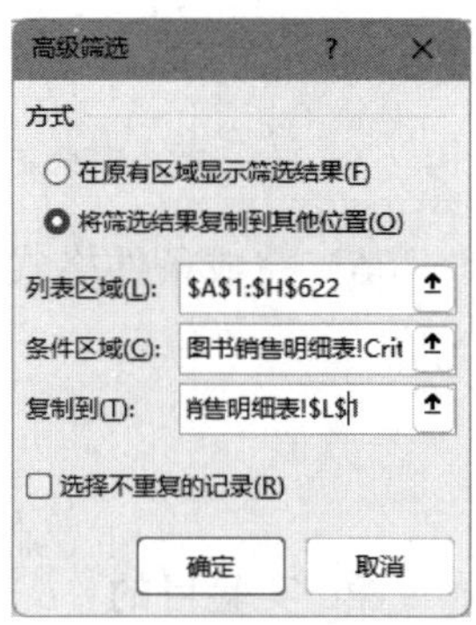

图 2-52　“高级筛选”设置

	L	M	N	O	P	Q	R	S
	订单编号	日期	书店名称	图书编号	图书名称	单价	销量（本）	小计
	TS-00345	2018年12月28日	通达书店	BK-18022	《Python语言基础》	56	2	112
	TS-00598	2018年7月12日	通达书店	BK-18023	《C语言程序设计》	62	50	3100
	TS-00601	2018年7月14日	通达书店	BK-18024	《VB语言程序设计》	58	20	1160
	TS-00010	2018年1月11日	鑫华书店	BK-18022	《Python语言基础》	56	22	1232
	TS-00014	2018年1月13日	鑫华书店	BK-18024	《VB语言程序设计》	58	39	2262
	TS-00031	2018年1月31日	鑫华书店	BK-18024	《VB语言程序设计》	58	34	1972
	TS-00053	2018年2月23日	鑫华书店	BK-18024	《VB语言程序设计》	58	26	1508
	TS-00105	2018年4月25日	鑫华书店	BK-18024	《VB语言程序设计》	58	43	2494
	TS-00113	2018年5月2日	鑫华书店	BK-18023	《C语言程序设计》	62	24	1488
	TS-00166	2018年6月22日	鑫华书店	BK-18024	《VB语言程序设计》	58	65	3770
	TS-00179	2018年7月5日	鑫华书店	BK-18022	《Python语言基础》	56	26	1456
	TS-00201	2018年7月28日	鑫华书店	BK-18022	《Python语言基础》	56	33	1848
	TS-00213	2018年8月10日	鑫华书店	BK-18023	《C语言程序设计》	62	40	2480
	TS-00225	2018年8月24日	鑫华书店	BK-18022	《Python语言基础》	56	45	2520
	TS-00237	2018年9月6日	鑫华书店	BK-18023	《C语言程序设计》	62	48	2976
	TS-00258	2018年9月27日	鑫华书店	BK-18025	《Java语言程序设计》	59	42	2478
	TS-00274	2018年10月17日	鑫华书店	BK-18025	《Java语言程序设计》	59	25	1475
	TS-00280	2018年10月23日	鑫华书店	BK-18022	《Python语言基础》	56	46	2576
	TS-00312	2018年11月27日	鑫华书店	BK-18022	《Python语言基础》	56	29	1624
	TS-00317	2018年12月1日	鑫华书店	BK-18025	《Java语言程序设计》	59	6	354
	TS-00324	2018年12月6日	鑫华书店	BK-18023	《C语言程序设计》	62	44	2728
	TS-00334	2018年12月18日	鑫华书店	BK-18022	《Python语言基础》	56	66	3696
	TS-00335	2018年12月19日	鑫华书店	BK-18023	《C语言程序设计》	62	35	2170
	TS-00339	2018年12月24日	鑫华书店	BK-18025	《Java语言程序设计》	59	23	1357
	TS-00602	2018年7月16日	鑫华书店	BK-18025	《Java语言程序设计》	59	43	2537

图 2-53　筛选后的结果

说明：条件区域中的条件如果为公式或函数，区域中的条件值只能为 TRUE 和 FALSE，而且不需要写标题，但是选择时，必须选择上面的空标题行，如图 2-54 所示。

	I	J	K
1			
2		TRUE	FALSE
3			

图 2-54　选择条件区域

2.8.2　数据透视表

统计每个书店不同年份的图书销售总额，从不同角度查看数据，可以使用“数据透视表”功能。

（1）将光标定位到数据区域中的任一单元格。

（2）单击“插入”|“表格”|“数据透视表”，弹出“来自表格或区域的数据透视表”对话框。

（3）如图 2-55 所示，在“表/区域”中自动填入数据区域，在“选择放置数据透视表的位置”区域中，选择“新工作表”单选按钮，单击“确定”按钮。

（4）切换到新建的工作表 Sheet2，并弹出一个报表框，单击报表任意区域，表格右边弹出“数据透视表字段”，这些字段是数据区域的标题内容。

（5）在“数据透视表字段”窗格中，选中“日期”、“书店名称”和“小计”复选框。

（6）生成的“报表区域”，如图 2-56 所示。

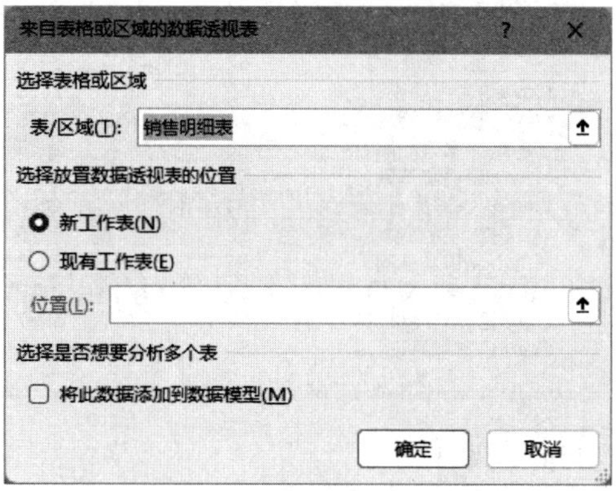

图 2-55　创建数据透视表

图 2-56　未组合的报表区域

（7）单击“报表区域”任一日期，右击，在弹出的快捷菜单中单击“组合”命令，弹出“组合”对话框，在“步长”列表中选择“年”，如图 2-57 所示。

（8）单击“确定”按钮，生成如图 2-58 所示的报表。

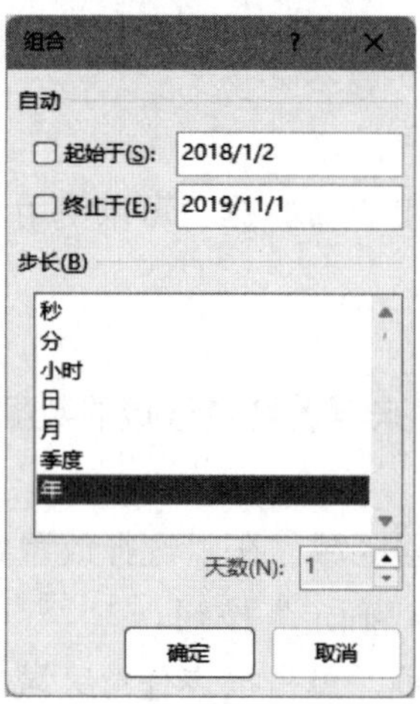

图 2-57　“组合”对话框

图 2-58　组合后的报表

2.9　演示文稿的制作

实验目的

（1）掌握建立演示文稿的基本过程。

（2）学会在幻灯片中插入图片、表格、艺术字、Smartart 组件等各种对象。

（3）掌握对幻灯片设置动画效果、超链接和切换效果等的方法。

（4）掌握在幻灯片上设置页眉和页脚的方法。

（5）掌握幻灯片母版的设置方法。

（6）掌握放映演示文稿的方法。

实验内容

（1）建立名为“美食”的演示文稿，主题背景模板为“古瓶荷花”。

（2）为第 1 张幻灯片设置背景图片并插入标题文字。

（3）为第 2 张幻灯片插入占位符，并输入文字。

（4）为第 3 张幻灯片加上美食目录，并能链接到对应美食图片。

（5）为第 4～6 张幻灯片插入美食图片并输入美食名称和说明，通过单击美食图片能返回目录。

（6）为第 7 张幻灯片插入图片，并使用艺术字。

下面介绍演示文稿制作的过程。

1. 设置模板背景

（1）新建演示文稿，并保存文件名为“美食”。

（2）选择“设计”|“主题”组件，打开“所有主题”下拉菜单，单击“古瓶荷花”模板，即可将该模板应用到所有幻灯片。

2. 新建幻灯片、版式设置和插入图片

（1）选中第 1 张幻灯片，单击“开始”|“幻灯片”|“版式”下拉按钮，在弹出的“版式”下拉菜单中选择“标题幻灯片”，完成版式设置。

（2）删除“添加副标题”的占位符，将“舌尖上的味蕾”文字输入到“标题”占位符中。

（3）单击“插入”|“图片”下拉按钮，在弹出的下拉菜单中选择“此设备”，弹出“插入图片”对话框，插入名为“食”的图片文件。

（4）调整图片和占位符的位置，效果如图 2-59 所示。

图 2-59　第 1 张幻灯片效果

3. 插入文本框和自定义动画

（1）新建一张幻灯片，版式设为“空白”。

（2）单击“插入”|“文本框”下拉按钮，在弹出的下拉菜单中选择“绘制横排文本框”，光标变成“+”字形状，按住鼠标左键拖动，出现一定空间的虚框时释放鼠标，将以下文字输入到文本框：

净洗铛，少着水，柴头罨烟焰不起；待他自熟莫催他，火候足时他自美；黄州好猪肉，价贱如泥土；贵者不肯吃，贫者不解煮；早晨起来打两碗，饱得自家君莫管。

——苏轼

在这平淡庸碌的日子里，唯有美食可以增添一抹鲜亮，让生活变得令人期待。”

（3）将文本框中的文字选中，设置字体“楷体_GB2312”，字号为“24”，颜色为“深青”，设置段落为“两端对齐”与“首行缩进 1.27 厘米”，调整文本框位置，第 2 张幻灯片效果如图 2-60 所示。

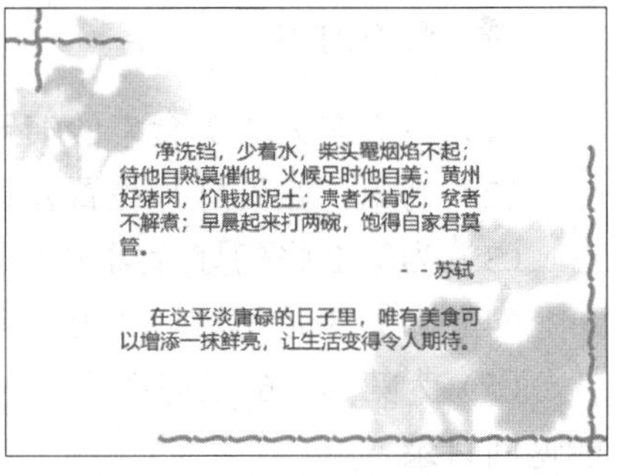

图 2-60　第 2 张幻灯片效果

（4）选中文本框中的所有文字，单击“动画”|“动画”组，在动画效果中选择“出现”效果。

（5）单击“动画”|“高级动画”|“动画窗格”，在屏幕右侧出现“动画窗格”对话框，选中“动画窗格”对话框中的第一项，单击右侧的下拉菜单，选择“从上一项开始”，然后单击“效果选项”，在弹出的对话框中设置文本动画为“按字母顺序”，字母之间延迟秒数为“0.2”。

4. 设置超链接

（1）新建一张幻灯片（第 3 张幻灯片），版式为“标题和内容”。

（2）在标题处输入“美食”，在内容处依次输入文字“热干面”、“武昌鱼”和“珍珠丸子”。

（3）连续新建 4 张幻灯片，版式为“仅标题”。

（4）在第 4～6 张幻灯片的标题中，依次输入文字“热干面”、“武昌鱼”和“珍珠丸子”。

（5）在第 4～6 张幻灯片，依次插入“热干面”、“武昌鱼”和“珍珠丸子”的图片，并插入文字横排的文本框，将对应的说明文字输入到文本框中。

（6）在第 3 张幻灯片中，选择文字“热干面”，右击，在弹出的快捷菜单中选择“超链接”命令，弹出“插入超链接”对话框，单击左侧“本文档中的位置”，在“请选择文档中的位置”列表框中，选择“4. 热干面”，单击“确定”按钮，如图 2-61 所示。

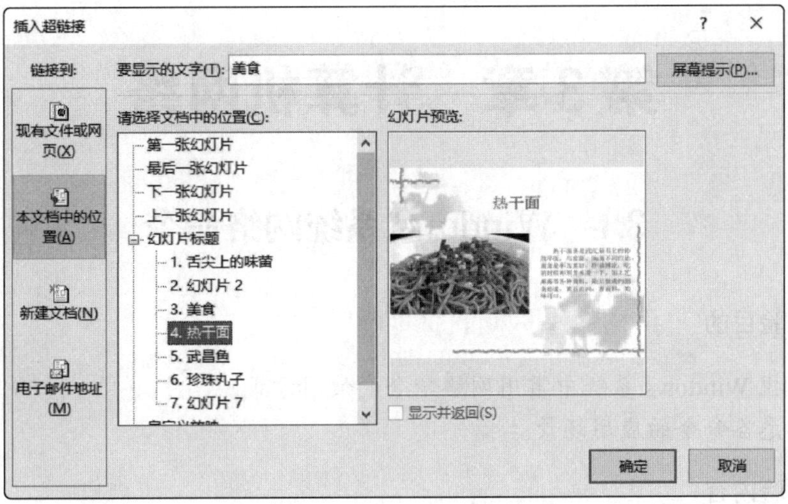

图 2-61　插入超链接

（7）单击第 4 张幻灯片，选中“热干面”图片，将此图片连接到第 3 张幻灯片。

（8）在第 3 张幻灯片中，将文字“武昌鱼”和“珍珠丸子”分别链接到第 5 张和第 6 张幻灯片。

（9）将第 5 张和第 6 张幻灯片的图片都链接到第 3 张幻灯片。

（10）在第 7 张幻灯片中，插入“满汉全席”图片和艺术字，并对艺术字进行字体、形状等设置。

第 3 章　计算机网络

3.1　Windows 系统网络命令

实验目的

（1）掌握 Windows 系统中常用网络命令的使用方式。

（2）熟悉各命令的应用场景。

实验内容

为了提供网络功能，现代主流操作系统都会集成 TCP/IP 协议栈，并且为方便用户使用，还会基于协议栈给出一些实用的网络命令。例如，在 Windows 系统中，常用的网络命令有 ping、ipconfig、tracert、arp 等。

本节主要完成以下命令的应用。

（1）ping 命令。

（2）ipconfig 命令。

（3）tracert 命令。

（4）arp 命令。

3.1.1　应用 ping 命令

ping 命令工作的原理是，它向特定的目的主机（由 ping 命令后面 IP 地址或域名所决定）发送“回显请求报文”（通俗地讲就是，我给你发送了什么，你就给我发回什么），以测试该站是否可达及了解其有关状态，也就是可用该命令来检测网络是否联通，用以定位网络故障，其具体操作如下。

（1）按 Win+R 组合键，输入 cmd，如图 3-1 所示，单击“确定”按钮，进入命令行终端。

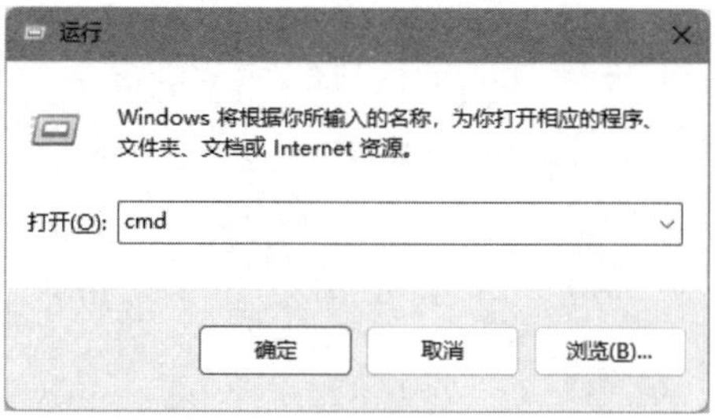

图 3-1　运行 cmd

（2）输入“ping 127.0.0.1”，按 Enter 键，出现如图 3-2 所示的内容，表明 TCP/IP 协议工作正常。若出现“一般故障。”信息，则表示 TCP/IP 协议工作异常或未工作。

（3）输入“ping www.baidu.com”，按 Enter 键，出现如图 3-3 所示的内容，表明此计算机能访问互联网上的百度服务器。

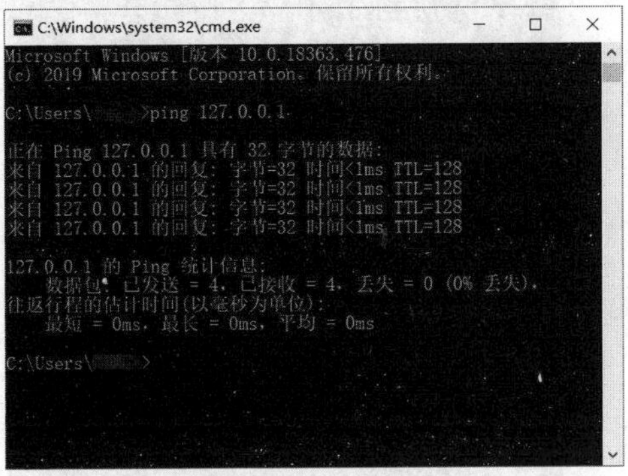

图 3-2 ping 内循环地址

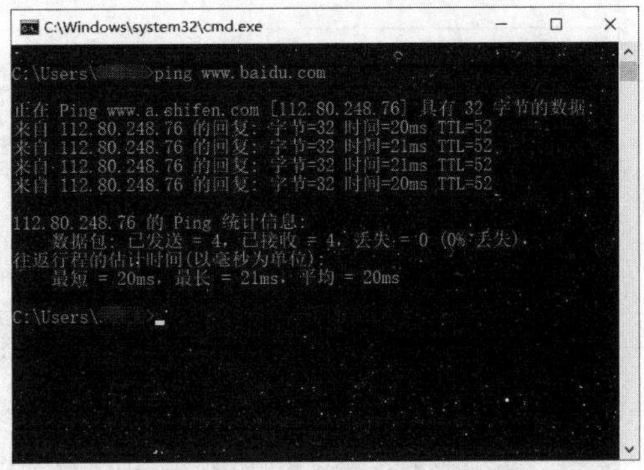

图 3-3 ping 百度服务器

（4）输入“ping www.google.com”，按 Enter 键，出现如图 3-4 所示的内容，表明此计算机不能访问谷歌的服务器。

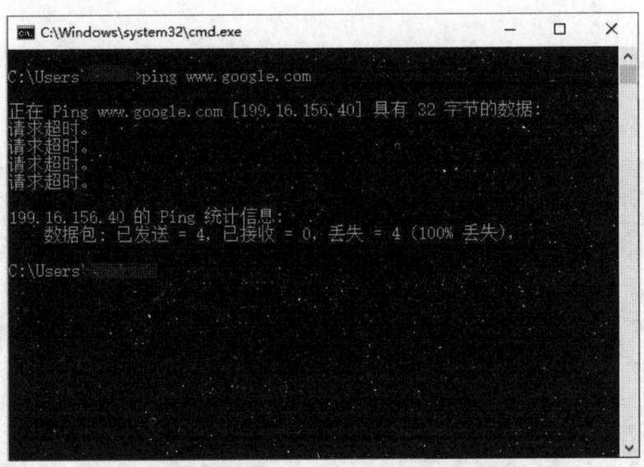

图 3-4 请求超时

熟练地掌握 ping 命令可以通过 ping 不同的 IP 地址来排查一些简单的网络错误。

3.1.2 应用 ipconfig 命令

当需要了解本机的网络配置、IP 地址或本地 DNS 缓存时，需要用到 ipconfig 命令，一般操作如下。

（1）进入命令行终端。

（2）输入“ipconfig”，按 Enter 键，会显示 IP 配置信息，如图 3-5 所示。

（3）输入“ipconfig/all”，按 Enter 键，会显示本机所有的 TCP/IP 配置，如图 3-6 所示。图中“192.168.1.113”是本机的 IP 地址，“AC-2B-6E-D9-0C-BF”为物理地址。

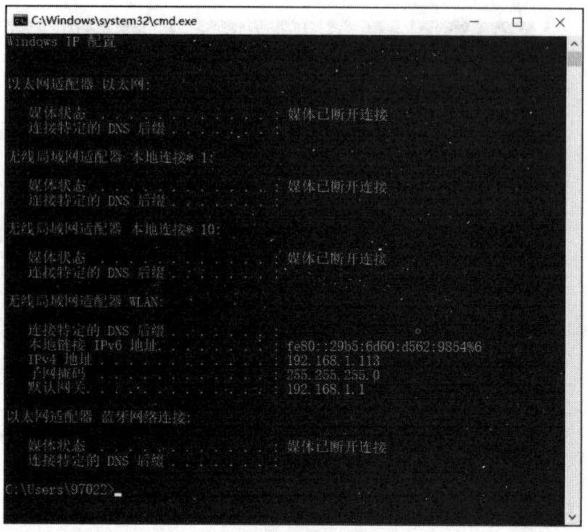

图 3-5 IP 配置信息

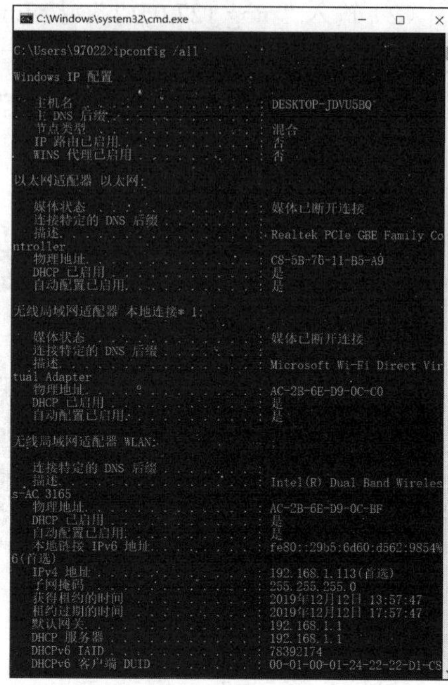

图 3-6 本机 IP 配置

（4）输入“ipconfig /displaydns”，按 Enter 键，会显示 DNS 缓存信息，如图 3-7 所示。

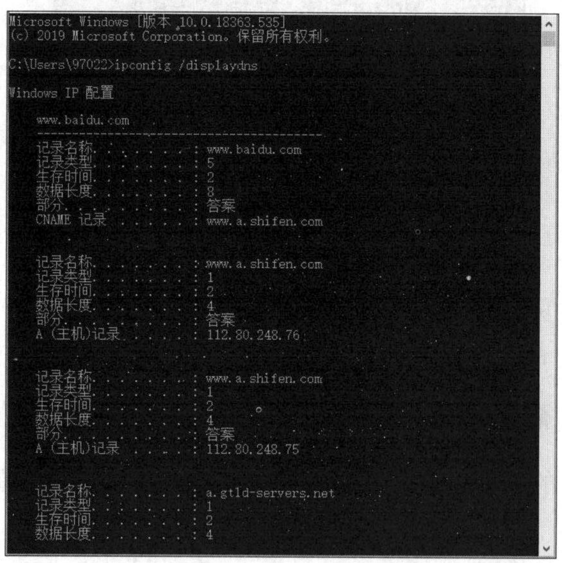

图 3-7 DNS 缓存

图 3-7 中显示的“www.baidu.com”为域名，“112.80.248.75”和“112.80.248.76”则为对应的 IP 地址。

3.1.3 应用 tracert 命令

tracert 命令多用来进行路由跟踪，一般用来检测故障的位置，用户可以使用 tracert IP 命令确定数据包在网络上的停止位置，以此来判断在哪个环节上出了问题，虽然还是不能确定是什么问题，但可以获取问题所在的位置，方便检测网络中存在的问题。

（1）进入命令行终端。

（2）输入“tracert www.baidu.com”，按 Enter 键，此时会显示从本机到百度服务器的“跃点”IP 地址，如图 3-8 所示。

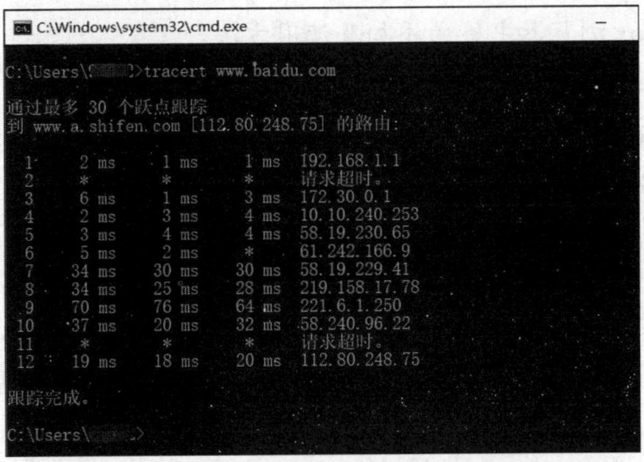

图 3-8 本机到百度服务器的“跃点”IP 地址

在向百度发送一个数据包时，依次经过了图 3-8 所示的 IP 地址的转发，最终到达百度服务器。

3.1.4 应用 arp 命令

arp 命令用于操作主机的 arp 缓冲区，它可以显示 ARP 缓冲区中的所有条目、删除指定的条目或者添加静态的 IP 地址与 MAC 地址的对应关系。

（1）进入命令行终端。

（2）输入“arp -a”，查看 ARP 解析缓存，如图 3-9 所示。

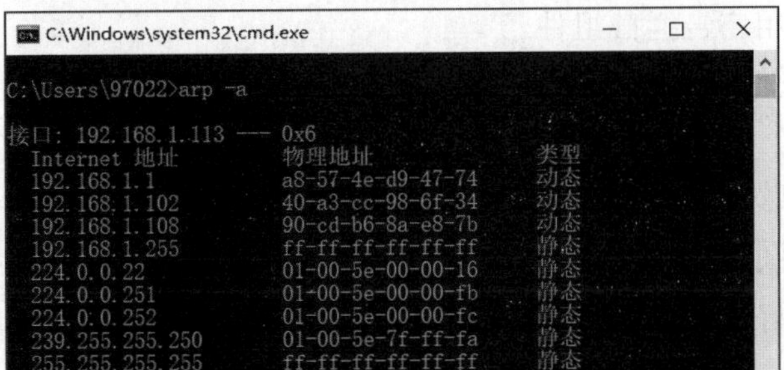

图 3-9 ARP 缓存

图 3-9 所示的第一列为 IP 地址，第二列为该 IP 地址对应的 MAC 地址，第三列为该 IP 地址的类型。除此之外，用户还可手动添加和删除 IP 地址到 MAC 地址的映射。

3.2 Firefox 浏览器使用

实验目的

（1）掌握 Firefox 浏览器的安装方法。
（2）掌握 Firefox 浏览器书签的添加及使用方法。
（3）掌握 Firefox 浏览器地址栏搜索引擎的设置方法。
（4）掌握 Firefox 浏览器主页的设置方法。
（5）掌握 Firefox 浏览器附加组件的使用方法。

实验内容

常见的浏览器有 IE 浏览器、Firefox 浏览器、360 安全浏览器、QQ 浏览器等。

Firefox 浏览器（中文名：火狐浏览器）是一个开源的网页浏览器，支持多种操作系统，如 Windows、Mac OS 和 Linux 等。常见的浏览器的使用方式包括安装、书签的使用、设置地址栏默认搜索引擎、设置主页、安装附加组件等。例如，Dark Reader 组件可用来开启夜间阅读模式，缓解眼睛疲劳，保护视力。uBlock Origin 组件可用来拦截广告、过滤页面元素。Addons.mozilla.org（简称 AMO）是 Mozilla 的官方站点，方便开发者发布附加组件或用户查找已发布的扩展组件。

现以 Firefox 浏览器为例，完成以下操作。

（1）安装火狐浏览器。
（2）使用浏览器书签。
（3）设置浏览器地址栏搜索引擎。
（4）设置浏览器主页。
（5）安装与使用广告拦截组件。

3.2.1 安装火狐浏览器

（1）打开 IE 浏览器，进入火狐浏览器主页（http://www.firefox.com.cn/），单击“立即下载”按钮，如图 3-10 所示。

（2）双击下载好的文件，等待安装完成，如图 3-11 所示。

图 3-10　下载火狐浏览器

图 3-11　安装火狐浏览器

（3）安装完成后的火狐浏览器图标如图 3-12 所示。

图 3-12　火狐浏览器图标

3.2.2　使用浏览器书签

浏览器中的书签是在浏览某个网页时保存的网页地址，便于以后再次访问。

（1）打开火狐浏览器，进入淘宝主页（www.taobao.com），如图 3-13 所示。

图 3-13　淘宝主页

（2）按 Ctrl+D 组合键，在弹出的“新建书签”对话框中单击“完成”按钮，将当前网页添加到书签，如图 3-14 所示。

（3）此时，书签出现在地址栏的下方，如图 3-15 所示。

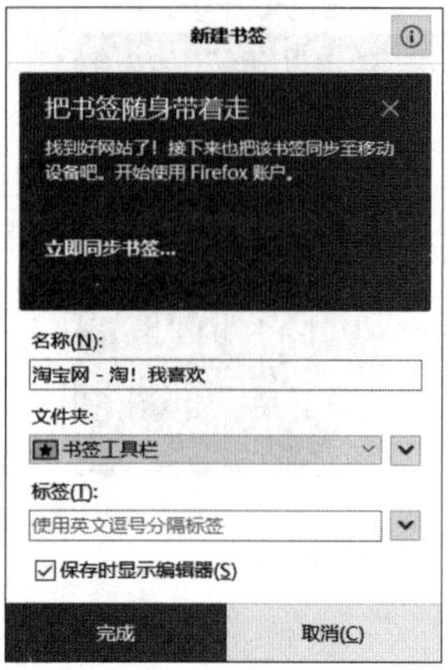

图 3-14　添加书签

图 3-15　书签栏

3.2.3　设置地址栏搜索引擎

通常，搜索时需要打开特定的网站，如百度、搜狗等，火狐浏览器可以将网址固定在地址栏中以便直接进行搜索，具体步骤如下。

（1）打开火狐浏览器，选择“工具”下拉列表中的“选项”，如图 3-16 所示。

（2）在打开的界面中选择“搜索”选项卡，在“默认搜索引擎”下拉列表中切换搜索引擎即可，如图 3-17 所示。

图 3-16　进入选项

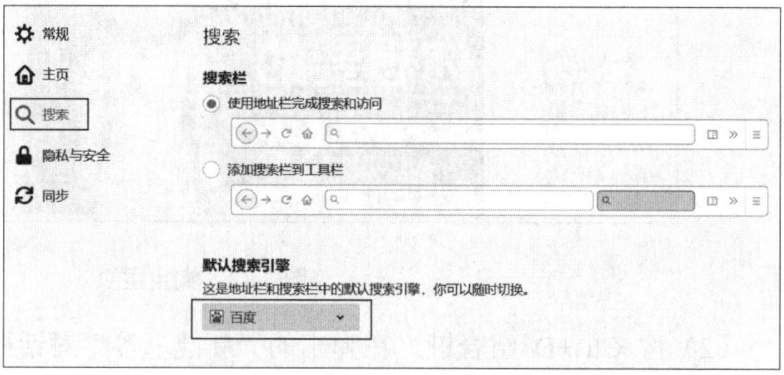

图 3-17　设置地址栏搜索引擎

3.2.4　设置浏览器主页

打开浏览器时会自动访问主页，可将主页设置为常用的网站以便平时使用，具体步骤如下。

（1）打开火狐浏览器，选择“工具”下拉列表中的“选项”。

（2）在打开的界面中选择“主页”选项卡，在“自定义网址”文本框中输入网址即可，如图 3-18 所示。

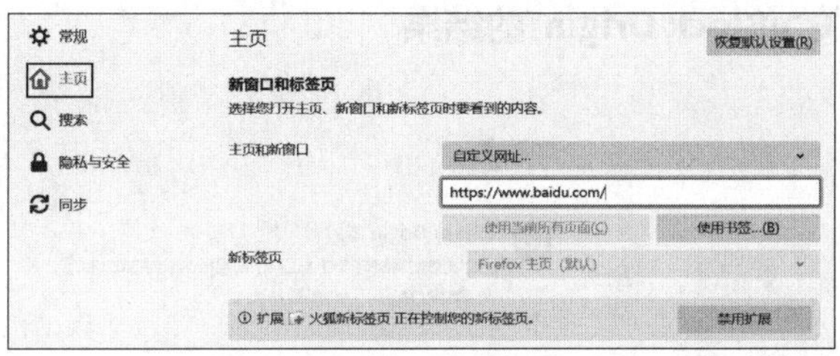

图 3-18　设置浏览器主页

（3）单击浏览器上方的“主页”按钮，即可进入设置的主页，如图 3-19 所示。

图 3-19　“主页”按钮

3.2.5　安装与使用广告拦截组件

除了浏览器的常规使用方法外，火狐浏览器还支持通过添加“附加组件”扩展浏览器的功能，如广告拦截、翻译、护眼等功能，下面以安装广告拦截组件为例讲解组件安装过程。

（1）打开火狐浏览器，按 Ctrl+Shift+A 组合键进入“附加组件管理器”窗口。

（2）在页面的搜索文本框中输入“uBlock Origin”，如图 3-20 所示。

图 3-20　搜索 uBlock Origin

（3）按 Enter 键，跳转到“‘uBlock Origin’的搜索结果”页面，如图 3-21 所示。

图 3-21 搜索结果

（4）单击页面中的“uBlock Origin”链接，转到“uBlock Origin-下载 Firefox 扩展（zh-CN）”页面，如图 3-22 所示。

图 3-22 添加 uBlock Origin 到 Firefox

（5）单击页面中的“添加到 FireFox”按钮，弹出“添加 uBlock Origin？”确认提示信息，如图 3-23 所示。

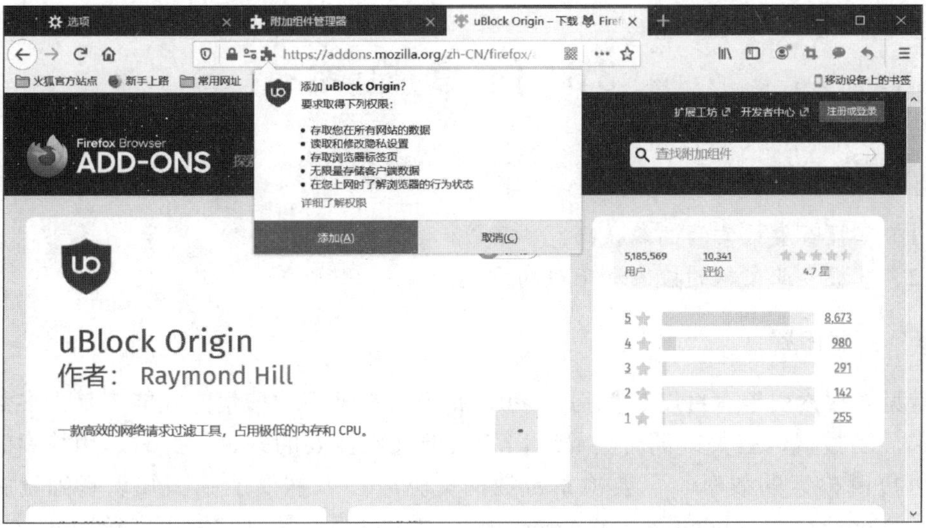

图 3-23　确认是否添加 uBlock Origin

（6）单击“添加”按钮，确认添加 uBlock Origin，添加成功后如图 3-24 所示，可发现工具栏多了一个名为 uBlock Origin 的按钮。单击该按钮，按钮下方会显示如图 3-25 所示的信息，单击“电源”标记，可禁用或启用 uBlock Origin 组件。

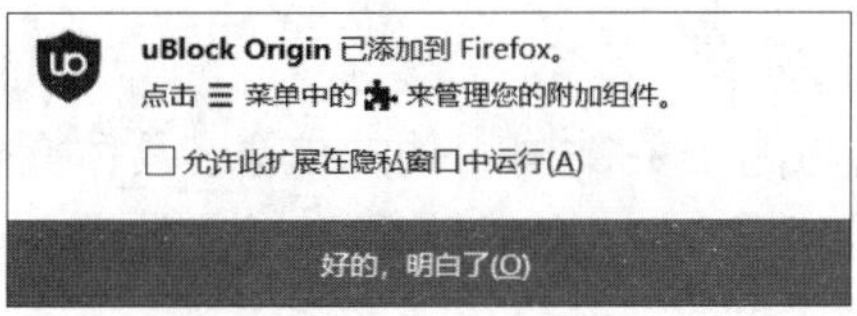

图 3-24　成功添加提示框

图 3-25　设置 uBlock Origin 组件

（7）打开搜狐网站，如图 3-26 所示，左边为禁用 uBlock Origin 组件的搜狐网站主页，右边为启用 uBlock Origin 组件的搜狐网站主页。

图 3-26　uBlock Origin 组件打开前后对比图

3.3 信息检索

实验目的

（1）掌握百度检索的高级技巧。
（2）掌握专业文献的检索和下载的方式。

实验内容

常见的搜索引擎有百度、搜狗、360、雅虎等。常规的搜索方式能满足大多数时候的需求，当搜索一些关键词时会显示出相关但又不需要的条目，此时运用检索的高级技巧可提高检索的效率。需要检索专业的文献时，就需要上中国知识基础设施工程（China National Knowledge Infrastructure，CNKI）、科学引文索引（Science Citation Index，SCI）、工程技术文献索引（Engineering Index，EI）等专业的网站进行检索。

本节主要完成以下内容：

（1）应用百度检索的高级技巧。

（2）检索和下载专业文献。

3.3.1 应用百度检索的高级技巧

1. 并行搜索

将两个关键词用“|”隔开，可同时检索出与两个关键词相关的信息，具体操作如下。

打开浏览器，在搜索栏输入“棉被 | computer”，搜索结果包括棉被和 computer 两个内容，如图 3-27 所示。

图 3-27 并行搜索

2. 消除无关性搜索

将两个关键词用“-”号隔开，如“关键词 1-关键词 2”，则检索出的内容中包含关键词 1，但不包含关键词 2，常用于检索中排除有关联的无用信息，具体步骤如下。

打开浏览器，在搜索栏中输入“Windows-Windows10”，搜索结果将不包括“Windows10”的内容，如图 3-28 所示。

图 3-28　消除无关搜索

3. 指定网站搜索

当已知所检索的信息位于某个网站时，可使用“关键字 site:已知网址”来检索，检索出的信息只包含该网站内的信息，具体操作如下。

打开浏览器，在搜索栏中输入“手机 site:taobao.com”，搜索结果只包含淘宝网站中的内容，如图 3-29 所示。

图 3-29　指定网站搜索

4. 文件类型限制搜索

当需要检索特定格式的资源时，使用“关键词 filetype:文件格式”，检索出的内容均是该文件格式的形式，具体操作如下。

打开浏览器，在搜索栏中输入“计算机二级 filetype:ppt”，搜索结果中只包含了ppt 格式的网页，如图 3-30 所示。

图 3-30 文件类型限制搜索

3.3.2 检索和下载专业文献

（1）中国知识基础设施工程（简称中国知网），其网址为 https://www.cnki.net/。CNKI 是以实现全社会知识资源传播共享与增值利用为目标的信息化建设项目，由清华大学、清华同方发起，始建于 1999 年 6 月。其涵盖资源的主要类型有研究型的资源（期刊、学位论文、会议论文、专利、国家标准、行业标准、项目成果、国家法律、地方法规、案例、年鉴、报纸、数据、图谱）、学习型的资源（各种字词典、各种互译词典、专业百科、专业辞典、术语）、阅读型的资源（文学、艺术作品与评论、文化生活期刊）。中国知网的检索栏如图 3-31 所示。

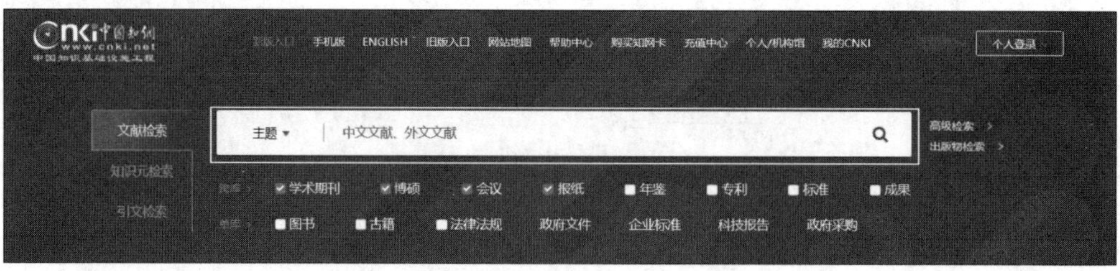

图 3-31 中国知网的检索栏

① 进入知网，搜索“人工智能”。

② 选择一篇感兴趣的文章，下面会出现两个下载按钮，如图 3-32 所示。

图 3-32　下载按钮

③ 单击相应的下载按钮（若是 CAJ 下载，需要下载对应的阅读器）即可。

注意：一般高校会购买 CNKI 的相关资源，此时可直接通过学校 IP 进入下载。

（2）OnePetro：其网址为 https://www.onepetro.org/。OnePetro 数据库收录了石油工程师学会、美国石油学会、美国岩石力学协会、美国安全工程师学会等 18 个机构的文献资源，包含矿藏勘探、地质学、钻井、测井、油藏工程、采油工艺、油井完井、计算机应用等学科专业。OnePetro 的检索栏如图 3-33 所示。

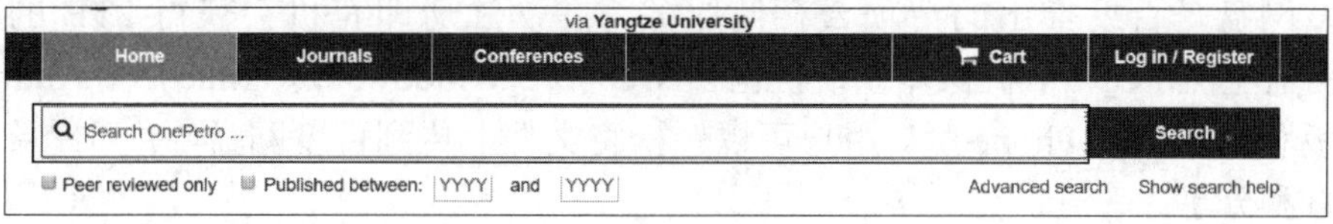

图 3-33　OnePetro 检索栏

（3）EI：其网址为 https://www.engineeringvillage.com/。EI 收录了美、英、加、德、日、法等 50 多个国家、15 种文字的有关工程技术方面的文献。其主要内容包括化工、农业、生物工程、环境、地质、土木、燃料工程、石油、冶金、矿产、仪表数据、工业管理、核能、宇航工程、汽车与机车、控制工程、电工与电子以及软科学与软件工程等。EI 的检索栏如图 3-34 所示。

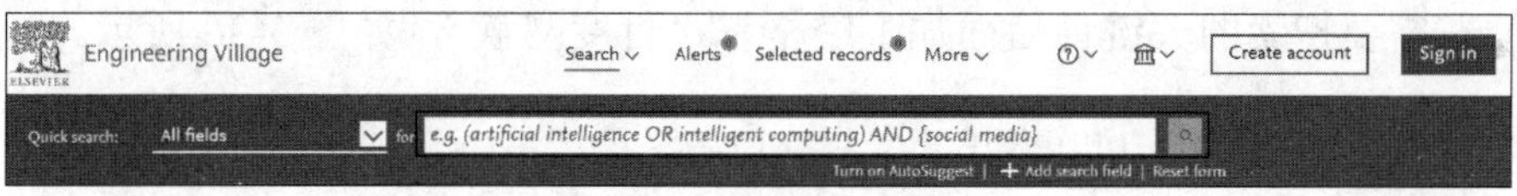

图 3-34　EI 的检索栏

（4）SCI：是一个国际性的检索网站，其网址为 http://apps.webofknowledge.com/。SCI 的内容包括自然科学、生物、医学、农业、技术和行为科学等，侧重于基础科学。SCI 的检索栏如图 3-35 所示。

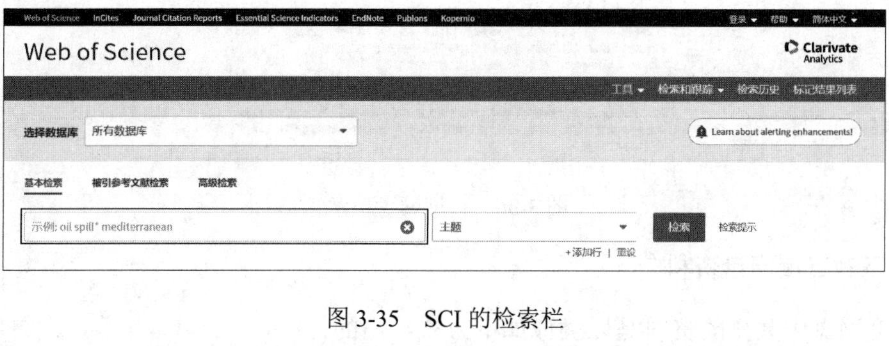

图 3-35　SCI 的检索栏

请分别登录上述网站，尝试检索与自身专业相关的关键词。

3.4 云　　盘

实验目的

（1）掌握百度网盘检索的方法。

（2）掌握百度网盘的下载方法。

实验内容

百度网盘是百度推出的一项云存储服务，首次注册即有机会获得 2TB 的存储空间，已覆盖主流 PC 和手机操作系统，包含 Web 版、Windows 版、Mac 版、Android 版、iPhone 版和 Windows Phone 版。用户可以轻松将文件上传到百度网盘，并可跨终端随时随地查看和分享。

为了更好地从网上获取资源，需要掌握百度网盘资源的检索与下载方法。本节主要完成以下内容：

（1）检索百度网盘资料。

（2）下载百度网盘资料。

3.4.1 检索百度网盘资料

（1）进入百度搜索页面。

（2）在需要搜索的关键词后面加上空格和“百度网盘”，如图 3-36 所示。

图 3-36　百度网盘检索

3.4.2 下载百度网盘资料

百度网盘中共享的资料是以类似如下方式给出的：

链接：https://pan.baidu.com/s/1DVEVYThYuBexEbxJUwzw_g，提取码：qe51。

（1）复制上述链接到浏览器地址栏，按 Enter 键。

（2）输入提取码“qe51”，单击“提取文件”按钮，如图 3-37 所示。

（3）登录后单击“下载”按钮，如图 3-38 所示。

图 3-37　输入提取码

图 3-38　下载百度网盘中的资料

3.5　静态网页设计

实验目的

（1）了解 HTML 网页的结构。

（2）熟悉静态网页的标签。

实验内容

在网站设计中，纯粹超文本标记语言（hyper text markup language，HTML）格式的网页通常被称为静态网页，其文件扩展名是.htm、.html，可以包含文本、图像、声音、Flash 动画、客户端脚本和 ActiveX 控件及 Java 小程序等。

下面以简单的登录界面为例，完成静态网页的设计。

（1）创建一个文本文件，命名为“demo.txt”。

（2）将如下代码写入 demo.txt 文本文件中，如图 3-39 所示。

```
<!DOCTYPE html>
<html>
<head>
    <title>我的第一个网页</title>
    <meta charset="utf-8">
</head>
```

```
<body>
<form>
    <div style="margin: 0 auto;width:max-content;margin-top: 300px">
        <div>
            <label>用户名：</label>
            <input type="text" placeholder="请输入用户名">
        </div>
        <div>
            <label>密    码：</label>
            <input type="password" placeholder="输入密码">
        </div>
        <div>
            <label>确认密码</label>
            <input type="password" placeholder="确认密码">
        </div>
        <input type="button" name="" value="提交">
        <input type="button" name="" value="重置">
    </div>
</form>
</body>
</html>
```

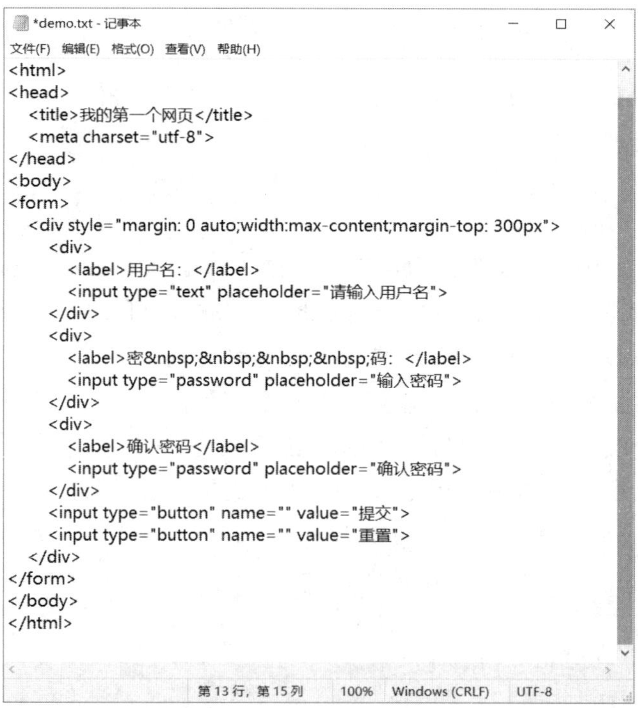

```
*demo.txt - 记事本
文件(F) 编辑(E) 格式(O) 查看(V) 帮助(H)
<html>
<head>
  <title>我的第一个网页</title>
  <meta charset="utf-8">
</head>
<body>
<form>
  <div style="margin: 0 auto;width:max-content;margin-top: 300px">
    <div>
      <label>用户名：</label>
      <input type="text" placeholder="请输入用户名">
    </div>
    <div>
      <label>密    码：</label>
      <input type="password" placeholder="输入密码">
    </div>
    <div>
      <label>确认密码</label>
      <input type="password" placeholder="确认密码">
    </div>
    <input type="button" name="" value="提交">
    <input type="button" name="" value="重置">
  </div>
</form>
</body>
</html>
第 13 行，第 15 列  100%  Windows (CRLF)  UTF-8
```

图 3-39　html 代码

（3）保存并退出，将“demo.txt”重命名为“demo.html”，如图 3-40 所示。

图 3-40　重命名 demo.txt

（4）双击打开，即可在浏览器中看到一个静态的登录界面，如图 3-41 所示。

图 3-41　静态登录界面

第 4 章　Access 数据库应用

4.1　创建图书管理数据库

实验目的

（1）掌握 Access 数据库的设计与创建方法。

（2）掌握数据表的创建方法。

（3）掌握字段属性的设置方法。

实验内容

图书管理系统涉及读者和图书两个实体。读者实体包含借书证号、姓名、学院和办证日期等属性；图书实体包含图书编号、书名、作者、出版社和单价等属性；每个读者可以借阅多本图书，同一时刻每本图书只能被一个读者借阅；读者在借书与还书时，系统要记录相应的借书日期和还书日期。

经分析，可在该图书管理系统的数据库中设计 3 个表：读者表、图书表和借阅表，分别用于存储读者的基本信息、图书的基本信息以及读者的借阅信息。表结构如表 4-1～表 4-3 所示。

表 4-1　读者表的结构

字段名称	数据类型	字段大小	备注
借书证号	短文本	6	主键
姓名	短文本	4	—
学院	短文本	10	—
办证日期	日期/时间	—	—

表 4-2　图书表的结构

字段名称	数据类型	字段大小	备注
图书编号	短文本	6	主键
书名	短文本	30	—
作者	短文本	30	—
出版社	短文本	30	—
单价	数字	—	保留两位小数

表 4-3　借阅表的结构

字段名称	数据类型	字段大小	备注
流水号	自动编号	—	主键
借书证号	短文本	6	—
图书编号	短文本	6	—
借书日期	日期/时间	—	—
还书日期	日期/时间	—	—

4.1.1　创建图书管理数据库

假设将图书管理数据库存放在“D:\图书管理系统”文件夹中。

启动 Access 2016，可以看到默认的启动窗口，选择“空白桌面数据库”选项，在弹出的对话框中修改数据库文件名及存放路径，如图 4-1 所示。

单击“创建”按钮，图书管理数据库创建完成，并处于打开状态，接下来就可以创建数据表，如图 4-2 所示。

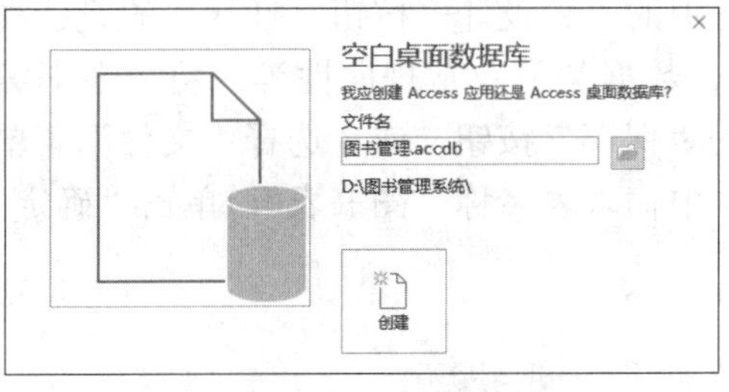

图 4-1　新建数据库

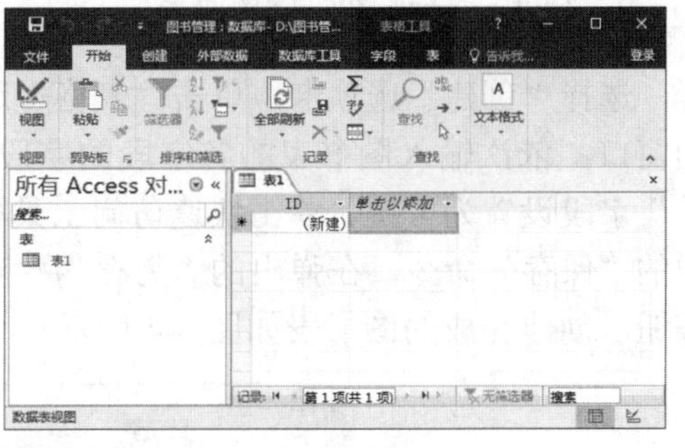

图 4-2　新建的图书管理数据库

4.1.2　创建表

Access 2016 提供两种创建表的方法：一种是创建空表，另一种是使用设计视图创建表。使用设计视图创建表是最常用，也是最灵活的方法。

下面以使用设计视图创建表的方法来创建读者表、图书表和借阅表，并向该表中添加数据。

1. 使用设计视图创建读者表

在图 4-2 所示的窗口中，右击“表 1”，在弹出的快捷菜单中选择“设计视图”命令，弹出“另存为”对话框，输入表名称“读者表”，单击“确定”按钮。在读者表的“设计视图”对话框中依次输入各字段的字段名称、数据类型及常规属性等。右击“借书证号”字段所在的行，在弹出的快捷菜单中选择“主键”命令，将“借书证号”字段设置为主键，该字段的前面会出现一个关键字图标🔑。创建完成后的读者表如图 4-3 所示。

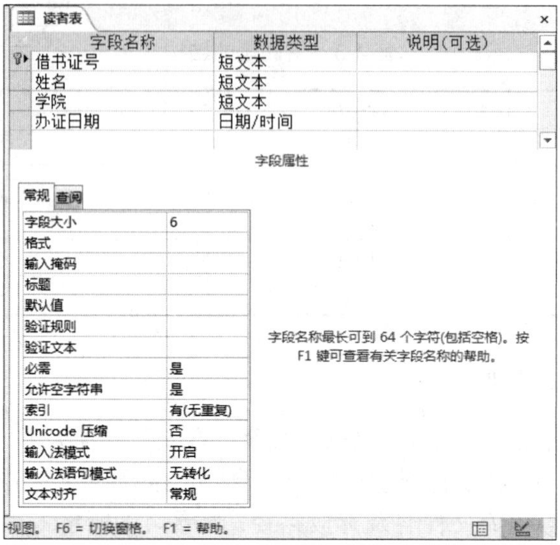

图 4-3　使用设计视图创建读者表

2. 使用设计视图创建图书表

选择“创建”选项卡，单击“表格”选项组中的“表设计”按钮，打开表的设计视图窗口，依次输入图书表的各字段的字段名称、数据类型及常规属性等，将“图书编号”字段设置为主键。单击快速访问工具栏中的“保存”按钮，或者选择“文件”菜单中的“保存”命令，在弹出的“另存为”对话框中输入表名称“图书表”，单击“确定”按钮。创建完成的图书表如图 4-4 所示。

图 4-4　使用设计视图创建图书表

3. 使用设计视图创建借阅表

和创建图书表的操作类似，创建完成的借阅表如图 4-5 所示。借阅表的第一个字段“流水号”的数据类型为自动编号，表示该字段的取值从 1 开始，每次递增 1。

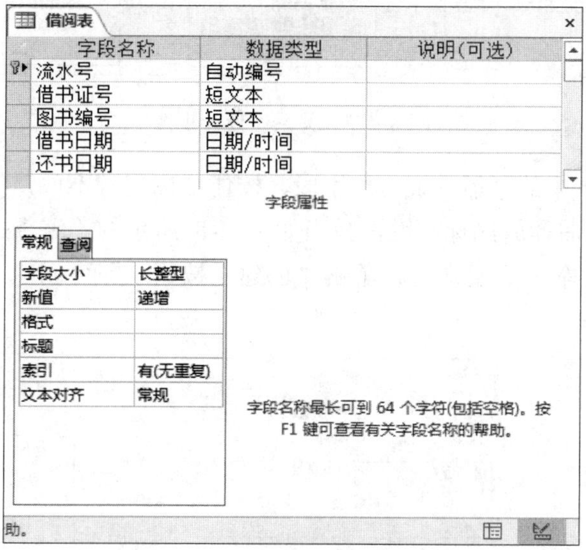

图 4-5　使用设计视图创建借阅表

4.1.3　创建表之间的联系

（1）单击“数据库工具”|“关系”|“关系”按钮，弹出“显示表”对话框，如图 4-6 所示。

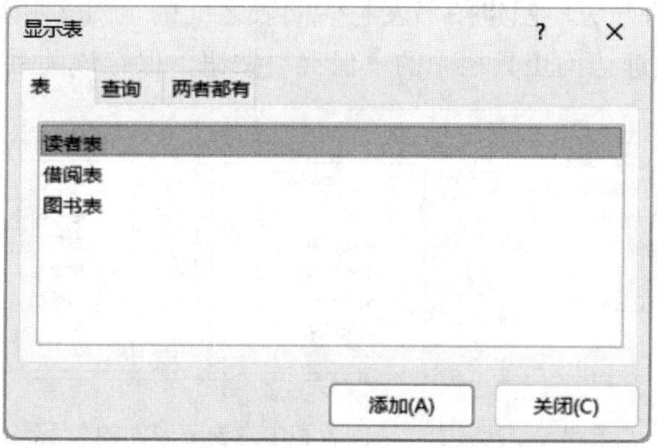

图 4-6　“显示表”对话框

（2）依次添加读者表、借阅表和图书表，然后单击“关闭”按钮关闭“显示表”对话框，得到如图 4-7 所示的“关系”设计视图。

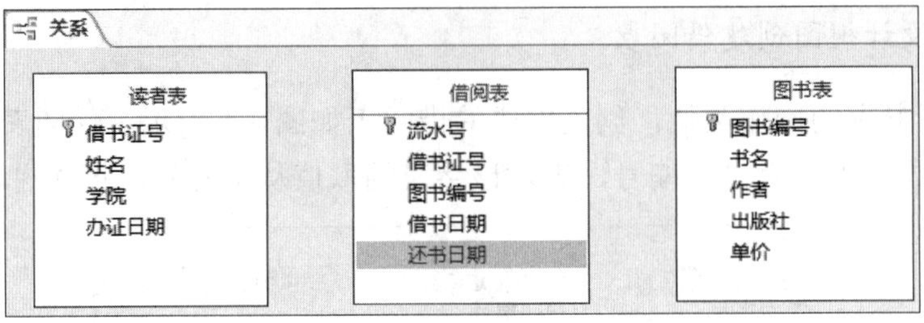

图 4-7 “关系”设计视图

（3）单击读者表中的“借书证号”字段，按住鼠标左键不放，将其拖到借阅表中的“借书证号”字段上后释放鼠标左键，弹出如图 4-8 所示的“编辑关系”对话框。选中“实施参照完整性”等 3 个复选框，单击“创建”按钮，即可创建读者表和借阅表之间的一对多联系。

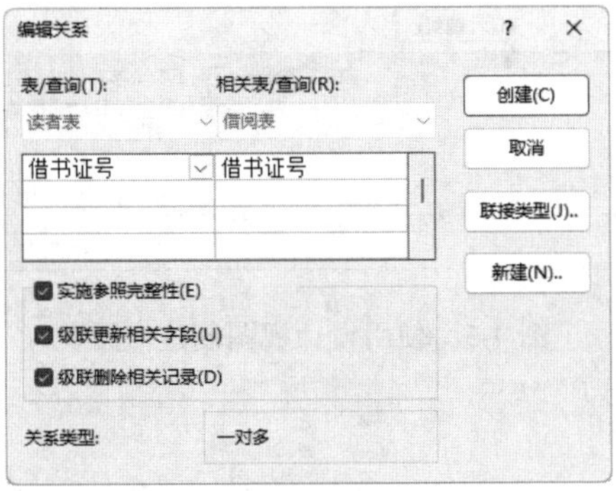

图 4-8 “编辑关系”对话框

（4）采用同样的方法，创建图书表与借阅表之间的一对多联系。创建完成后，如图 4-9 所示。单击快速访问工具栏中的“保存”按钮，保存该关系。

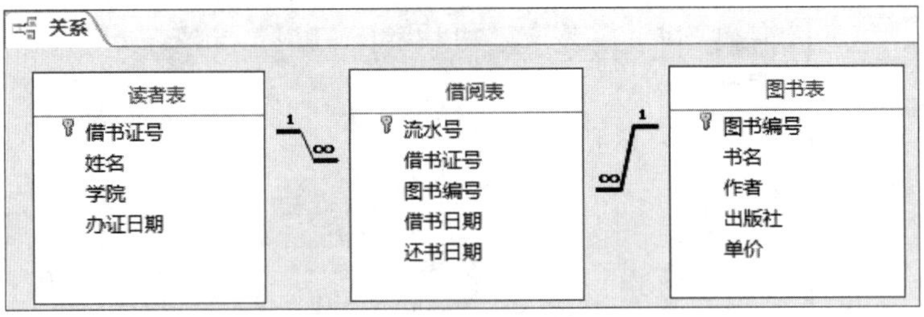

图 4-9 读者表、借阅表和学生表三表间的关系

4.1.4 向表中录入数据

（1）打开图书管理数据库，双击数据库窗口左侧“所有 Access 对象”列表下的“读者表”，打开数据表视图。在读者表的数据表视图中录入读者的信息，如图 4-10 所示。

读者表

借书证号	姓名	学院	办证日期
501001	王涛	计算机	2017/3/10
501002	高玉刚	计算机	2017/3/11
502001	张思思	物理	2017/9/13
503001	刘文慧	文学	2017/9/13
503002	吕航	文学	2018/4/12
504001	叶川鸣	英语	2018/5/26

图 4-10　读者表

（2）采用同样的方法依次向图书表和借阅表中录入数据，分别如图 4-11 和图 4-12 所示。其中，借阅表中的“流水号”字段的值由系统自动生成，用户不能为该字段赋值。

图书表

图书编号	书名	作者	出版社	单价
I24001	红楼梦	曹雪芹	人民邮电出版社	59.7
I24002	汤姆叔叔的小屋	(美)斯托夫人	人民文学出版社	35
P14001	天体物理学	李宗伟	高等教育出版社	63.6
TP0001	数据结构（C语言版）	严蔚敏	人民邮电出版社	35
TP0002	Python程序设计（第2版）	董付国	清华大学出版社	39.6
TP0003	计算机网络	谢希仁	电子工业出版社	49

图 4-11　图书表

借阅表

流水号	借书证号	图书编号	借书日期	还书日期
1	501001	TP0001	2018/4/15	2018/5/20
2	501001	TP0002	2018/4/15	2018/6/3
3	501002	TP0003	2018/10/13	2018/12/6
4	502001	P14001	2017/11/11	2017/12/25
5	503001	I24001	2017/12/1	2017/12/28
6	503002	I24002	2019/3/8	2019/4/30

图 4-12　借阅表

4.2　创建图书信息查询

实验目的

（1）掌握 Access 查询的创建方法。
（2）掌握选择查询的创建方法。
（3）掌握参数查询的创建方法。

实验内容

Access 创建查询有两种方式：一种是使用“查询向导”，另一种是使用“查询设计”。

现以图书管理数据库为例，使用“查询向导”方式创建一个选择查询，使用“查询设计”方式创建一个参数查询。

选择查询：查询人民邮电出版社或清华大学出版社出版的图书信息（书名、作者和单价）。

参数查询：输入读者所在的学院，查询该学院的读者的借阅情况（读者姓名、书名、借书日期和还书日期）。

4.2.1 选择查询

查询人民邮电出版社出版且单价大于 30 元的图书信息（书名、作者和单价）。该查询的数据来自图书表，查询条件是“出版社='人民邮电出版社'”且“单价>30”。使用“查询向导”方式创建该查询的步骤如下：

（1）在图书管理数据库窗口中选择“创建”选项卡，单击“查询”组中的“查询向导”按钮，弹出“新建查询”对话框，选择“简单查询向导”，单击“确定”按钮，弹出“简单查询向导”对话框，在“表/查询”下拉列表中选择“表：图书表”，将“可用字段”列表框中的“书名”、“作者”、“出版社”和“单价”字段通过单击 > 按钮添加到“选定字段”列表框中，如图 4-13 所示。

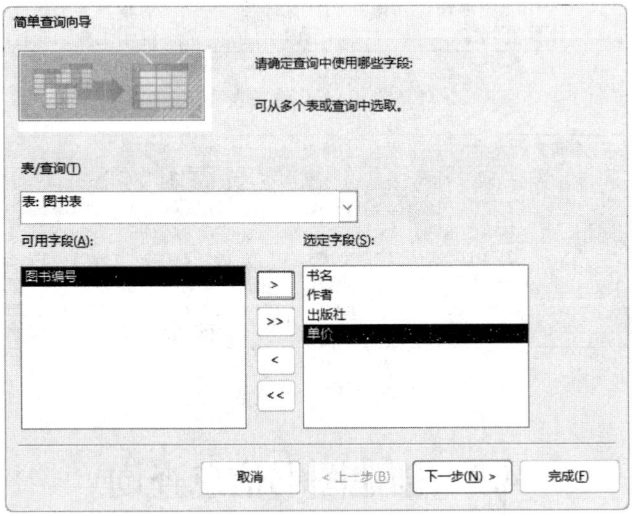

图 4-13 “简单查询向导”对话框

（2）单击“下一步”按钮，选择“明细（显示每个记录的每个字段）”，再单击“下一步”按钮，输入查询名称“图书信息（查询查询）”，选择“修改查询设计”单选按钮，单击“完成”按钮，显示该查询的设计视图。在查询设计视图中，取消选中窗口下半部分“出版社”字段所在列的“显示”单元格中的复选框，在“条件”单元格中输入“"人民邮电出版社"”；在“单价”字段所在列的“条件”单元格中输入“>30”，如图 4-14 所示。

（3）在“查询工具-设计”选项卡的“结果”组中单击“运行”按钮 !，或者右击查询设计窗口的标题栏，在弹出的快捷菜单中选择“数据表视图”命令，查询结果如图 4-15 所示。

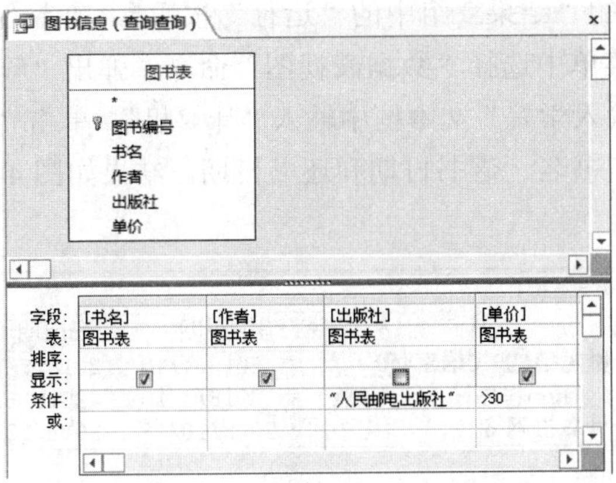

图 4-14 查询设计视图

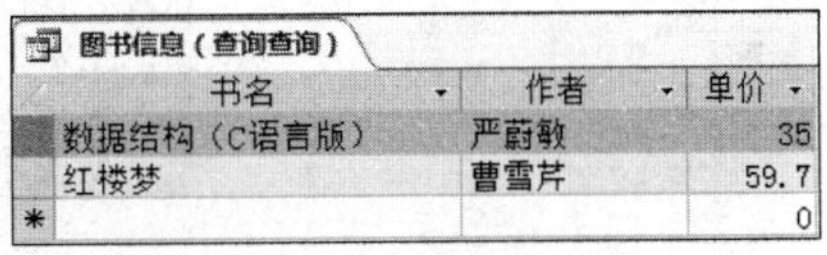

图 4-15 选择查询结果

4.2.2 参数查询

查询计算机学院的读者的借阅情况（读者姓名、书名、借书日期和还书日期），该查询的数据来自读者表、图书表和借阅表，查询条件是“学院='计算机'”。使用“查询设计”方式创建该查询的操作步骤如下。

（1）在图书管理数据库窗口中选择“创建”选项卡，单击“查询”组中的“查询设计”按钮，弹出“显示表”对话框，如图 4-16 所示。选中“读者表”、“借阅表”和“图书表”3 个表，单击“添加”按钮，再单击“关闭”按钮。

（2）在查询设计视图中，双击窗口上部分“读者表”中的字段“姓名”和“学院”，双击“图书表”中的字段“书名”，双击“借阅表”中的字段“借书日期”和“还书日期”。取消选中下半部分“学院”字段所在列的“显示”单元格中的复选框，在“条件”单元格中输入“[输入学院]”，如图 4-17 所示。

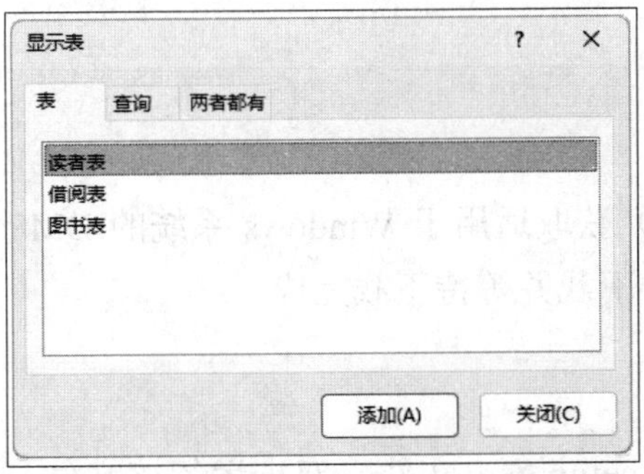

图 4-16 显示表

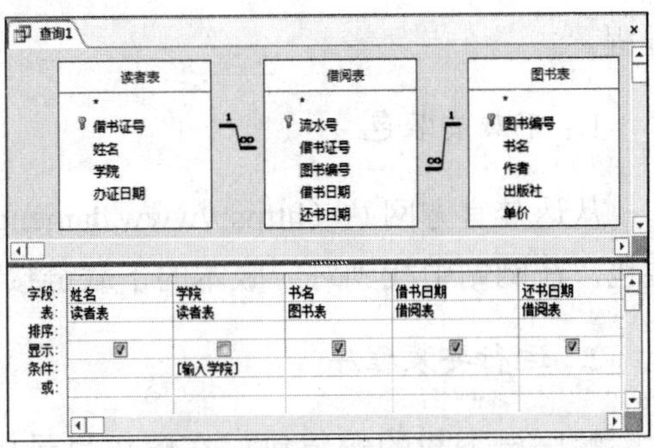

图 4-17 查询设计视图

（3）单击快速访问工具栏中的“保存”按钮，或者右击查询设计窗口的标题栏，在弹出的快捷菜单中选择“保存”命令，在弹出的“另存为”对话框中输入查询名称“读者借阅信息（参数查询）”，单击“确定”按钮。

（4）单击“查询工具-设计”选项卡的“结果”组中的“运行”按钮，或者右击查询设计窗口的标题栏，在弹出的快捷菜单中选择“数据表视图”命令，弹出“输入参数值”对话框，如图 4-18 所示。在“输入学院”文本框中输入“计算机”，单击“确定”按钮，查询计算机学院的读者姓名、书名、借书日期和还书日期，结果如图 4-19 所示。

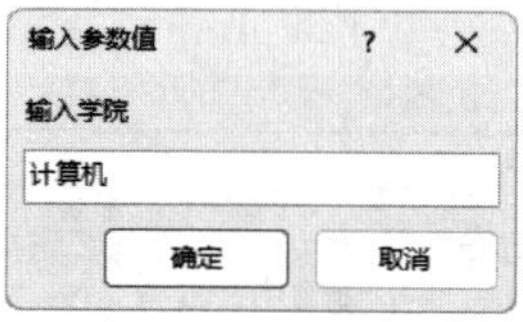

图 4-18　输入参数的值

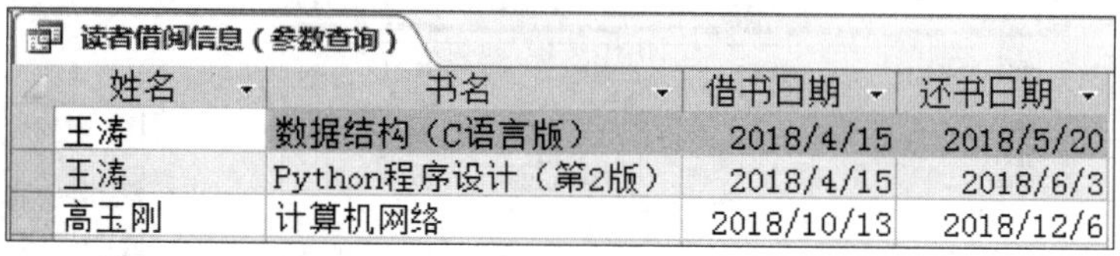

读者借阅信息（参数查询）

姓名	书名	借书日期	还书日期
王涛	数据结构（C语言版）	2018/4/15	2018/5/20
王涛	Python程序设计（第2版）	2018/4/15	2018/6/3
高玉刚	计算机网络	2018/10/13	2018/12/6

图 4-19　参数查询的结果

4.3　达梦数据库管理系统 DM8 的安装

实验目的

（1）掌握国产数据库 DM8 的安装。

（2）增强对国产数据库的认识和了解。

实验内容

达梦数据库管理系统 DM8 是由武汉达梦数据库股份有限公司开发的一款具有自主知识产权的数据库管理系统，可以安装在多种计算机操作系统平台上，如 Windows、Linux、Solaris、FreeBSD 和 AIX 等。

下面以达梦数据库管理系统 DM8 为例，详细介绍其在 Windows 系统中的安装过程。

1. 下载安装包

从达梦官方网站（https://www.dameng.com/）获取适用于 Windows 系统的 DM8 安装包，在网站中找到对应版本的下载链接，单击下载并等待下载完成。

2. 运行安装程序

解压已下载的安装包，在解压目录中找到 setup.exe 文件，双击运行该文件。此时，系统会弹出“选择语言与时区”对话框。在“语言”下拉列表中，选择“简体中文”选项；在“时区”下拉列表中选择“(GTM+08:00) 中国标准时间”选项，如图 4-20 所示。确认选择无误后，单击“确定”按钮。随后进入安装向导界面，单击“下一步”按钮继续安装流程。

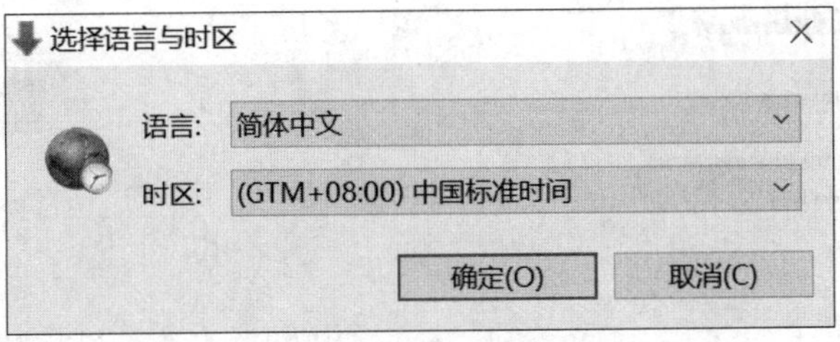

图 4-20 选择语言与时区

3. 接受许可协议

仔细阅读达梦数据库的许可协议，选中“接受”单选按钮，再单击“下一步”按钮，在弹出的“key 文件”对话框中直接单击“下一步”按钮。

4. 选择安装类型

安装类型共有“典型安装”、“服务器安装”、“客户端安装”和“自定义安装”4 种。对于大多数用户而言，选择“典型安装”即可满足日常使用需求，该安装类型会自动安装常用的组件和工具。选定安装类型后，单击“下一步”按钮，如图 4-21 所示。

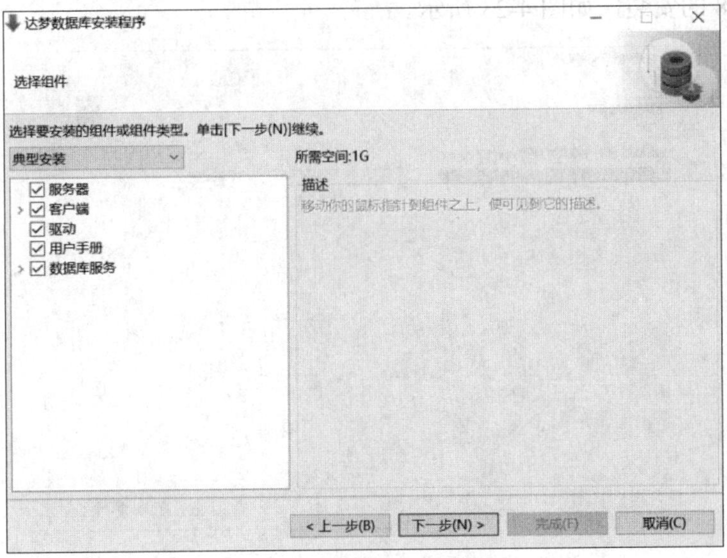

图 4-21 选择安装类型

5. 选择安装路径

指定达梦数据库的安装目录，建议选择磁盘空间充足的位置。若采用默认安装路径，直接单击“下一步”按钮；若需自定义安装路径，单击“浏览”按钮，在弹出的对话框中选择目标路径，然后单击“下一步”按钮，如图 4-22 所示。

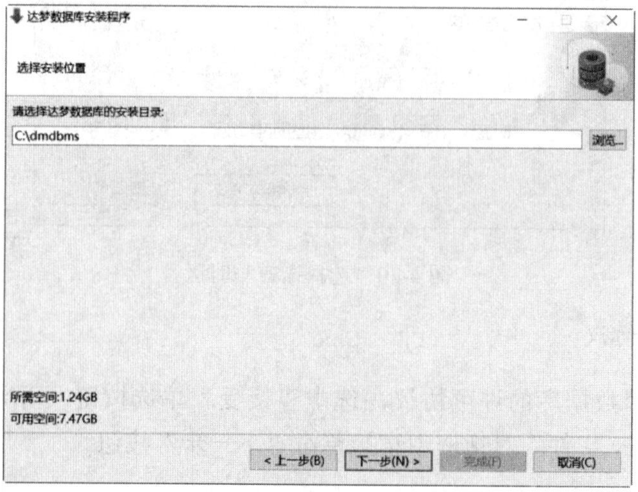

图 4-22　选择安装路径

6. 开始安装

此时，安装向导将展示安装前的小结信息，确认信息无误后，单击“安装”按钮，正式开始 DM8 的安装，如图 4-23 所示。

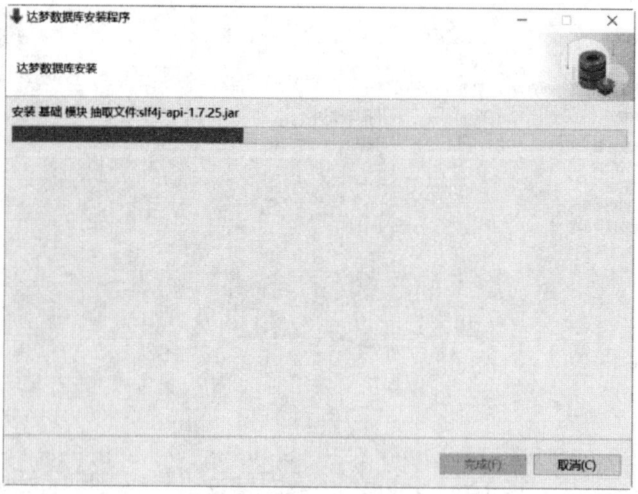

图 4-23　开始安装 DM8

7. 初始化数据库

安装完成后，单击“完成”按钮，将显示是否初始化数据库的选项。若选中“初始化数据库”复选框，则可直接进入初始化流程；若未选中该复选框，后续也可通过数据库配置工具手动进行初始化操作。此处以选中“初始化数据库”复选框为例，单击“初始化”按钮，如图 4-24 所示。

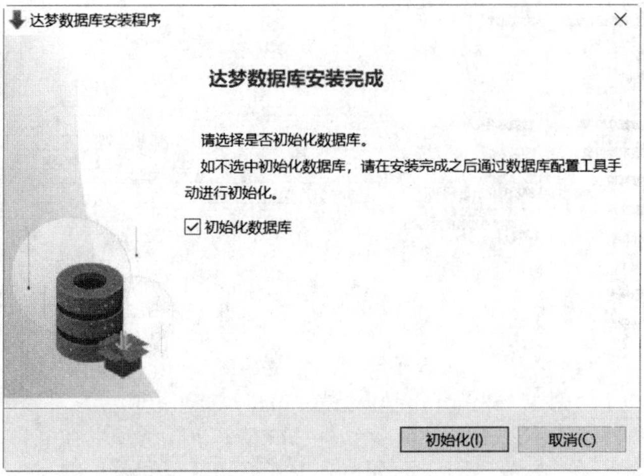

图 4-24　选择“初始化数据库”复选框

8. 创建数据库实例

在弹出的“达梦数据库配置助手”对话框中，选择“创建数据库实例”单选按钮，然后单击“开始”按钮，如图 4-25 所示。

图 4-25　选择“创建数据库实例”单选按钮

9. 创建数据库

选定数据库模板：在“创建数据库模板”栏，将数据库模板设置为“一般用途”。该模板适用于大多数常规应用场景。

指定数据库目录：在“指定数据库目录”栏，可选择数据库目录。默认路径为 C:\dmdbms\data，也可根据自身需求自行指定其他路径。

设置数据库标识：在“数据库标识”栏，可指定数据库名、实例名及端口号。这些标识信息将用于后续数据库的连接，应根据实际需求合理设置，如图 4-26 所示。

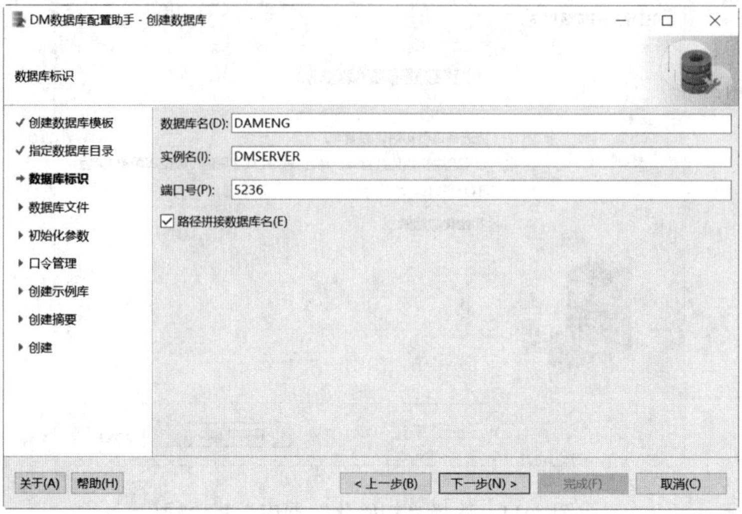

图 4-26 指定数据库标识

指定数据库文件路径：在“数据库文件”栏，可指定控制文件、数据文件、日志文件以及初始化日志的路径。若无特殊需求，建议采用系统默认路径。

设置初始化参数：在“初始化参数”栏，选用系统默认值即可满足一般使用要求。

设置用户口令：在“口令管理”栏，设置数据库管理员（SYSDBA）和系统审计员（SYSAUDITOR）的登录密码，密码需满足一定的复杂度要求。设置完成后，单击“下一步”按钮，如图 4-27 所示。

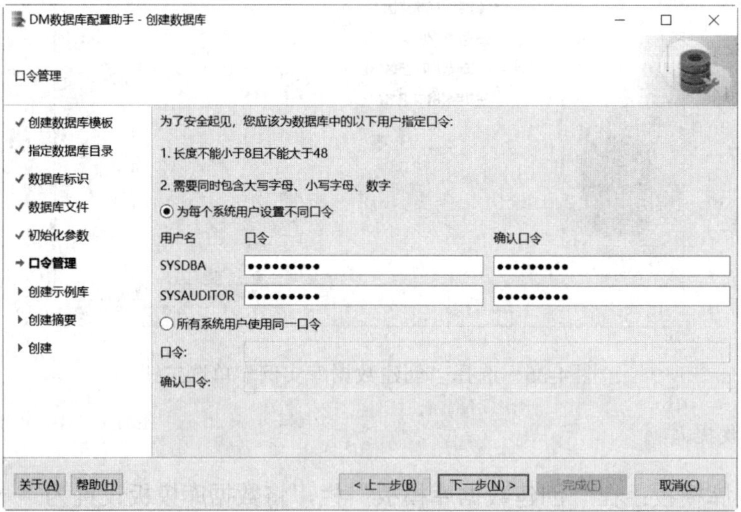

图 4-27 设置用户密码

选择示例库：在“创建示例库”栏，系统提供了 BOOKSHOP 和 DMHR 两个示例库。若用户有学习和测试需求，可选中这两个示例库，以获取相关的数据库示例数据和结构。选中后，单击“下一步”按钮。

10. 确认安装信息

安装向导会汇总显示前面设置的所有安装信息，应仔细检查这些信息，确保准确无误。若发现错误或需要调整，可返回相应步骤进行修改。确认无误后，单击“完成”按钮，开始创建数据库，如图 4-28 所示。

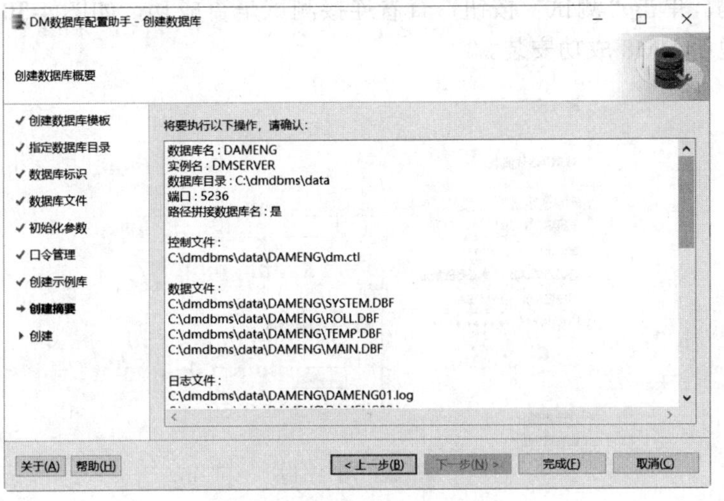

图 4-28 确认安装信息

11. 完成安装

安装程序将自动创建数据库并启动实例。数据库创建完成后，将弹出安装完成界面，如图 4-29 所示。单击“完成”按钮，随后在弹出的确认对话框中，单击“确认”按钮，完成 DM8 的安装操作。

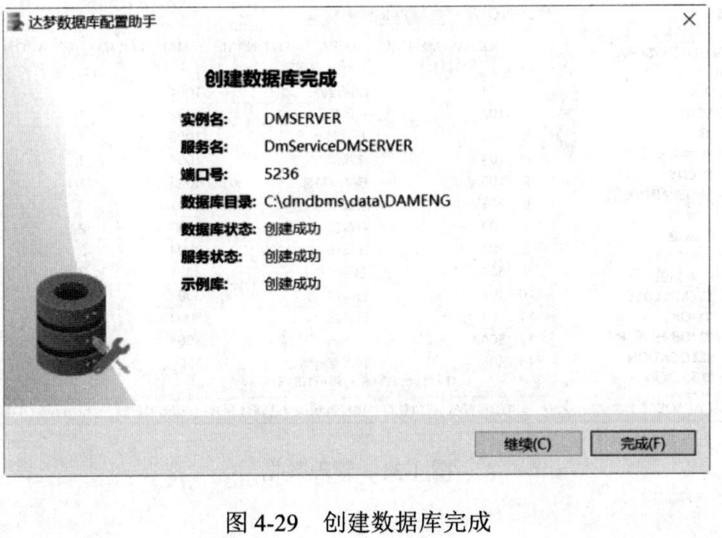

图 4-29 创建数据库完成

12. 验证安装

打开 Windows 系统的“开始”菜单，在达梦数据库的程序组中找到并运行“DM 管理工具”。在“DM 管理工具”窗口中，单击“对象导航”面板中的“新建连接”，在弹出的“新建数据库连接”对话框中输入主机名、端口号、用户名（SYSDBA）和之前设置的密码。单击“测试”按钮，查看连接测试是否成功，如图 4-30 所示。若连接测试成功，说明 DM8 成功安装。

图 4-30　连接数据库

单击“连接”按钮，即可利用达梦数据库管理系统 DM8 进行各种数据操作，如创建表、向表中输入数据和查询数据等，充分发挥其强大的功能，如图 4-31 所示。

图 4-31　管理数据

第 5 章　Python 语言程序设计基础

5.1　顺序与分支结构

实验目的

（1）掌握 Python 的语法特点（标识符、保留字和缩进等）。
（2）掌握算术运算符、关系运算符和逻辑运算符的使用方法。
（3）掌握基本的输入与输出方法。
（4）熟练掌握 if 语句的使用方法。

实验内容

（1）程序阅读题。
（2）程序填空题。
（3）编程题。

5.1.1　程序阅读题

分析以下程序，写出程序的运行结果。

1. 算术运算符应用实例

```
x=int(input("请输入第 1 个整数: "))
y=int(input("请输入第 2 个整数: "))
sum0=x+y
dif=x-y
pro=x*y
div=x/y
power=x**y
print(sum0,dif,pro,div,power)
print("和:{}\n 差:{}\n 乘积:{}".format(sum0,dif,pro))
print(f"商:{div:.2f}\n 乘方:{power}")
```

输入：

```
请输入第 1 个整数: 3
请输入第 2 个整数: 5
```

2. 字符串切片应用

```
weeks = "星期一星期二星期三星期四星期五星期六星期天"
week_no = eval(input("请输入星期数字（1-7）："))
pos = (week_no -1)*3
print(weeks[pos:pos+3])
```

输入：

```
请输入星期数字（1-7）：3
```

3. 单、双分支应用

```
a = 4
b = 10
c = 6
if a > b:
    m = a
else:
    m = b
if c > m :
    m = c
print(f"m = {m}")
```

4. 字符串索引应用

```
degree = "EEEEEEDCBAA"
score = int(input("请输入一个分数："))
if score <0 or score >100:
    print("输入数据有误！")
else:
    i = score//10
    print(degree[i])
```

输入：

```
请输入一个分数：88
```

5. 多分支应用

```
x = 3
if x > 0:
```

```
    y = 1
elif x < 0:
    y = -1
else:
    y = 0
print(f"x = {x}\ny = {y}")
```

5.1.2　程序填空题

根据题意，请将下列程序补充完整。

（1）输入 3 条边长，判断能否构成三角形，如果能构成三角形，则判断是等边、等腰还是普通三角形。

```
a = float(input("请输入第一条边长："))
b = float(input("请输入第二条边长："))
c = float(input("请输入第三条边长："))
if a + b > c and a + c > b and ____①____:
    if ____②____:
        print("可以构成等边三角形")
    elif a == b or b == c ____③____ a == c:
        print("可以构成等腰三角形")
    else:
        print("可以构成普通三角形")
else:
    print("这三条边不能构成三角形")
```

（2）某商店促销，根据购物金额给予不同折扣：满 100 元打 9 折，满 200 元打 8 折，满 500 元打 7 折，否则不打折。

输入购物金额，计算最终应付金额。

```
amount = float(input("请输入购物金额（元）："))
if amount >= 500:
    ______①______
elif amount >= 200:
    discount = 0.8
elif ______②______:
    discount = 0.9
else:
    discount = 1.0  #不打折
final_amount = ______③______
print(f"折扣后应付金额：{final_amount:.1f} 元")
```

5.1.3 编程题

（1）从键盘输入一个整数，判断它是奇数还是偶数，并打印结果。

（2）输入一个包含 5 位数字的整数，判断它是否为回文数，如果是回文数，输出“此数是回文数”，否则输出“此数不是回文数”。回文数是指正读和反读都是一样的数，如 12521、23632 等（提示：用除法运算和求余运算把一个数的个位、十位、千位和万位等分离出来）。

（3）手机业务可以通过拨打服务电话进行办理，如移动用户可拨打 10086、联通用户可拨打 10010、电信用户可拨打 10000 等。接通后，一般需要根据语音提示，多次按键逐步选择对应业务。表 5-1 给出了按键与业务的对应关系，编写程序模拟该业务办理过程。

表 5-1 按键与业务的对应关系

第 1 次按键	第 2 次按键	业务
1	1	话费查询
	其他	账单查询
2	1	积分服务
	其他	密码服务
其他	1	话费充值
	其他	流量套餐

5.2 循环结构

实验目的

（1）掌握 for 循环和 while 循环的语法结构。

（2）能应用循环结构解决实际问题。

实验内容

（1）程序阅读题。

（2）程序填空题。

（3）编程题。

5.2.1 程序阅读题

分析以下程序，写出程序的运行结果。

1. for 循环

```
f1,f2 = 1,1
print(f1)
print(f2)
for i in range(3):
    f3 = f1+f2
    print(f3)
    f1 = f2
    f2 = f3
```

2. while 循环

```
s = 12356
while s != 0:
    print(s%10,end="")
    s = s//10
```

3. break 语句

```
m = 10
for i in range(m-1,1,-1):
    if m%i == 0:
        break
print(i)
```

4. continue 语句

```
for i in range(1,15):
    if i % 2 == 0 or i % 3 == 0:
        continue
    print(i)
```

5.2.2　程序填空题

根据题意，请将下列程序补充完整。

（1）水仙花数是指一个 3 位数，它的每个位上的数字的 3 次幂之和等于它本身，如 $1^3+5^3+3^3=153$。编写程序，输出所有水仙花数。

第一种方法：

```
for n in range(____①____):
```

```
        g = n%10
        s =____②____
        b = n//100
        if ____③____==n:
            print(n)
```

第二种方法：

```
    for ____①____ in range(100,1000):
    g = str(i)[2]
    s = ____②____
    b = str(i)[0]
    if ____③____==i:
        print(i)
```

（2）输入一个整数，判断它是否为素数，如果是，输出“素数”，否则输出“不是素数”；如果整数小于 2，则输出“不是素数”。

```
    n = int(input())
    if ____①____:
        print("不是素数")
    else:
        for i in range(2, n):
            if ____②____ :
                print("不是素数")
                break
      __③__:
            print("是素数")
```

5.2.3 编程题

（1）计算 n!(n≥1)。例如，n=5，5！=120。

（2）打印出 10000～99999 中所有的回文数。

（3）有若干只鸡、兔在一个笼子里，从上面数，有 35 个头；从下面数，有 94 只脚。问笼中有多少只鸡和兔？

（4）计算出 1～1000 所有的完全数。完全数是这样一种自然数：其所有真因子（除自身外的约数）之和等于本身。例如，6 是完全数，因为它的真因子 1、2、3 之和等于 6；而 16 不是完全数，因为它的真因子 1、2、4、8 之和等于 15。

（5）编程输出如图 5-1 所示的三角形图案。

```
    *
   ***
  *****
 *******
*********
```

图 5-1　三角形图案

第 6 章　人工智能基础

6.1　手写数字识别

实验目的

（1）通过手写数字识别任务，深入理解和掌握机器学习与深度学习的基本理论和实践方法。

（2）掌握基本的模式识别和分类问题，理解监督学习的工作流程。

实验内容

6.1.1　数据集介绍

本实验所使用的数据集是由 Google 实验室和纽约大学柯朗研究所建立的著名手写数字数据库——MNIST 数据集。MNIST 数据集是机器学习和计算机视觉领域广泛使用的基准数据集，主要用于训练和测试图像分类模型。MNIST 数据集包含手写数字 0～9 的灰度图像，共计 70000 张，其中训练集 60000 张，测试集 10000 张，每张图片的尺寸为 28×28 像素，像素值为 0～255 的灰度值，每张图像对应一个标签，表示该图像的数字类别，标签范围是 0～9，共 10 个类别。实例图像如图 6-1 所示。

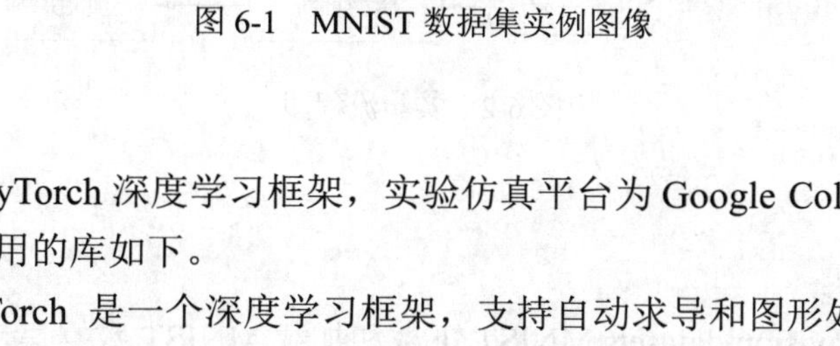

图 6-1　MNIST 数据集实例图像

6.1.2　环境配置

本实验基于 PyTorch 深度学习框架，实验仿真平台为 Google Colab，辅助编译器为 PyCharm。主要使用的库如下。

PyTorch：PyTorch 是一个深度学习框架，支持自动求导和图形处理单元（graphics processing unit，GPU）加速，常用于构建和训练神经网络。

Torchvision：提供计算机视觉工具，包括标准数据集、预处理变换和预训练模型，方便处理图像任务。

Numpy：Python 的科学计算库，支持高效的多维数组操作，广泛应用于数值计算和数据处理。

Seaborn：基于 Matplotlib 的可视化库，擅长绘制统计图表，如热力图、分布图等。

Sklearn：机器学习库，包含分类、回归、聚类算法，以及数据预处理和模型评估工具。

Matplotlib：强大的绘图库，可绘制折线图、散点图、直方图等，辅助分析训练过程和结果。

导入库的核心代码如下：

```
#加载库
import torch
import torch.nn as nn
import torch.optim as optim
import torchvision
import torchvision.transforms as transforms
import matplotlib.pyplot as plt
import numpy as np
import seaborn as sns
from sklearn.metrics import confusion_matrix
from sklearn.metrics import accuracy_score
```

6.1.3 具体实验过程

本实验的流程如图 6-2 所示，对输入的手写数字图像预处理后，送入卷积神经网络自动学习提取有效特征并进行模型训练，最后利用训练好的模型预测识别输入的手写数字图像。

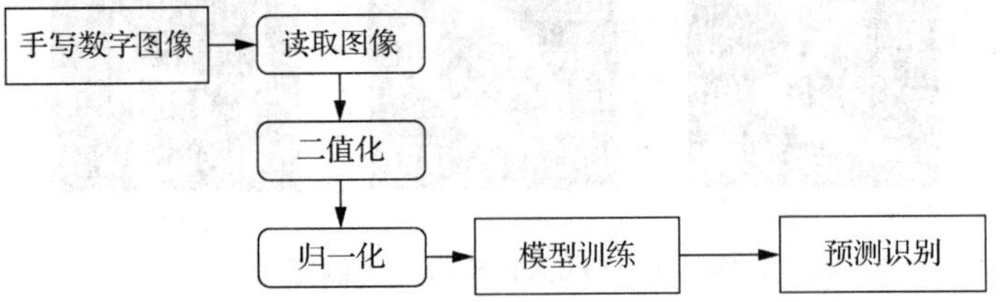

图 6-2 实验流程图

1. 数据准备

1）加载数据集

一般使用 torchvision.datasets.MNIST 下载和加载 MNIST 数据集。

2）数据划分

一般将数据集划分为训练集（60000 张）和测试集（10000 张）。

3）数据预处理

（1）转换张量：transforms.ToTensor() 将图像转换为张量。

（2）归一化处理：transforms.Normalize((0.5,), (0.5,)) 将像素值标准化到[-1, 1]。

4）数据加载器

使用 DataLoader 进行批量处理，设置批次大小和是否打乱数据。

核心代码如下：

```
    #数据预处理
    transform=transforms.Compose([
        transforms.ToTensor(),
        transforms.Normalize((0.5,), (0.5,))])
    #加载数据集
    trainset=torchvision.datasets.MNIST(root='./data', train=True, download=
True, transform=transform)
    testset=torchvision.datasets.MNIST(root='./data', train=False, download=
True, transform=transform)
    trainloader=torch.utils.data.DataLoader(trainset, batch_size=64, shuffle=
True)
    testloader=torch.utils.data.DataLoader(testset, batch_size=64, shuffle=
False)
```

2. 当前数据集样本可视化

在实验过程中，为了更直观地了解 MNIST 数据集的特征，编写 visualize_samples 函数，对训练集中部分样本进行可视化展示，如图 6-3 所示。

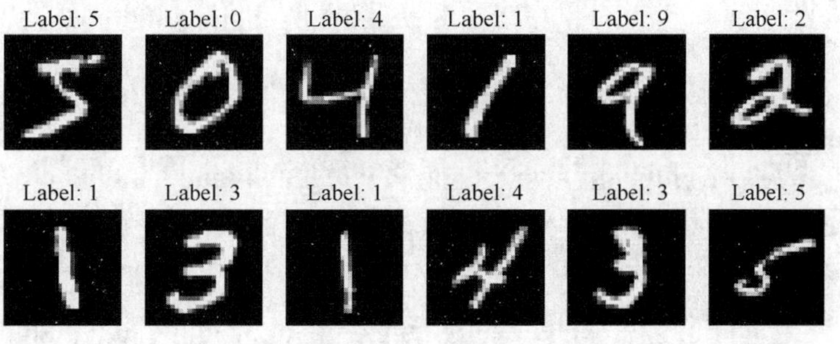

图 6-3　数据可视化

图像展示：随机抽取训练集中 12 张手写数字图像，以灰度图形式展示。

标签标注：每张图片上方标注真实标签，帮助用户直观地观察图像与类别的对应关系。

布局调整：使用 subplots 创建 2 行 6 列的网格布局，使样本分布清晰整齐。

可视化核心代码如下：

```
#可视化数据集样本
defvisualize_samples():
    fig, axes = plt.subplots(2, 6, figsize=(10, 4))
    for i, (image, label) inenumerate(trainset):
        if i >= 12:
            break
        ax = axes[i // 6, i % 6]
        ax.imshow(image.squeeze(), cmap='gray')
        ax.set_title(f'Label: {label}')
        ax.axis('off')
    plt.show()
visualize_samples()
```

3. 构建模型

搭建一个简单的卷积神经网络模型用于处理数字分类任务，该网络借鉴 LeNet-5 模型的思想，采用输入层-卷积层-池化层-卷积层-池化层-全连接层-全连接层-输出层的串联总体结构，在网络层数增加的同时捕获更多的高级特征。

输入层：接收处理后的手写数字图像，尺寸为 28 像素×28 像素（单通道灰度图）。

卷积层（conv1 和 conv2）：提取局部特征。

激活函数（relu）：引入非线性，提升模型表达能力。

池化层（pool）：减小特征图尺寸，降低计算复杂度，保留关键特征。

全连接层（fc）：整合特征，输出 10 个类别。

输出层：最终输出 10 个类别（数字 0～9）的预测结果。

核心代码如下：

```
#构建简单的 CNN 模型
classCNN(nn.Module):
    def__init__(self):
        super(CNN, self).__init__()
        #第 1 个卷积层：输入 1 通道 (灰度图)，输出 32 个特征图，卷积核 3×3
        self.conv1 = nn.Conv2d(in_channels=1, out_channels=32, kernel_size=3,
padding=1)
        #第 2 个卷积层：输入 32 通道，输出 64 个特征图，卷积核 3×3
        self.conv2 = nn.Conv2d(in_channels=32, out_channels=64, kernel_size=3,
adding=1)
        #最大池化层：2×2 池化核
        self.pool = nn.MaxPool2d(kernel_size=2, stride=2)
        #全连接层 1：将特征图展开，输入 64×7×7，输出 128 维特征
        self.fc1 = nn.Linear(64 * 7 * 7, 128)
        #全连接层 2：输入 128 维特征，输出 10 个类别
```

```
        self.fc2 = nn.Linear(128, 10)
    defforward(self, x):
        #前向传播
        x = self.pool(F.relu(self.conv1(x)))  #卷积 + ReLU + 池化
        x = self.pool(F.relu(self.conv2(x)))
        x = x.view(-1, 64 * 7 * 7)           #展平张量
        x = F.relu(self.fc1(x))              #全连接 + ReLU
        x = self.fc2(x)                      #输出层
            return x
```

4. 模型训练

定义模型训练和验证函数。

定义损失函数：使用交叉熵损失函数 CrossEntropyLoss。

选择优化器：使用 Adam 优化器，调整学习率。

构建训练和验证过程：

（1）前向传播计算预测结果。

（2）计算损失。

（3）反向传播更新参数。

（4）每个 epoch 后记录训练和验证的损失值、准确率。

进行训练集和验证集划分并调用模型训练函数。核心代码如下：

```
#定义一个函数 train_and_validate，用于训练和验证模型
def train_and_validate(model, trainloader, validloader, epochs=50):
    #定义损失函数和优化器
    criterion = nn.CrossEntropyLoss()
    optimizer = optim.Adam(model.parameters(), lr=0.001)
    #存储训练和验证的损失值、准确率
    train_losses, valid_losses = [], []
        train_accuracies, valid_accuracies = [], []
    #循环 epoch 次，每次循环代表一轮训练
    for epoch inrange(epochs):
            #训练过程
            model.train()
            #存储本轮训练的累计损失值、正确预测的样本数和总样本数
            running_loss, correct, total = 0.0, 0, 0
            #遍历训练数据集，每次取出 batch_size 个样本（默认 batch_size=64）
            for images, labels in trainloader:
                #清除上一次的梯度，避免梯度累积导致错误更新
                optimizer.zero_grad()
```

```
            #将图像输入模型，得到预测结果 (outputs)
            outputs = model(images)
            #计算当前批次的损失值，衡量预测值与真实标签之间的误差
            loss = criterion(outputs, labels)
            #反向传播：计算梯度并更新模型参数
            loss.backward()
            optimizer.step()
            running_loss += loss.item()     #累计损失值
            #获取最大概率的类别索引作为预测值
            _, predicted = torch.max(outputs, 1)
            #计算当前批次中预测正确的样本数
            correct += (predicted == labels).sum().item()
            total += labels.size(0)          #累计样本总数
        #计算本轮训练的平均损失值
        epoch_train_loss = running_loss / len(trainloader)
        #计算准确率（正确预测数/总样本数）
        epoch_train_acc = correct / total * 100
          #存储当前轮的损失值和准确率
          train_losses.append(epoch_train_loss)
        train_accuracies.append(epoch_train_acc)
        #验证过程函数作用如上
        model.eval()
        valid_loss, correct, total = 0.0, 0, 0
        with torch.no_grad():
          for images, labels in validloader:
            outputs = model(images)
            loss = criterion(outputs, labels)
            valid_loss += loss.item()
            _, predicted = torch.max(outputs, 1)
            correct += (predicted == labels).sum().item()
            total += labels.size(0)
        epoch_valid_loss = valid_loss / len(validloader)
        epoch_valid_acc = correct / total * 100
        valid_losses.append(epoch_valid_loss)
        valid_accuracies.append(epoch_valid_acc)
      #输出当前轮的训练和验证结果
      print(f"Epoch {epoch+1}/{epochs}: Train Loss: {epoch_train_loss:.4f},
Train Acc: {epoch_train_acc:.2f}%, Valid Loss: {epoch_valid_loss:.4f}, Valid Acc:
{epoch_valid_acc:.2f}%")
    return train_losses, valid_losses, train_accuracies, valid_accuracies
    #划分训练集和验证集,80%作为训练集，20%作为验证集
    train_size = int(0.8 * len(trainset))
```

```
    valid_size = len(trainset) -train_size
    train_subset, valid_subset = torch.utils.data.random_split(trainset,
[train_size, valid_size])
    #创建数据加载器
    trainloader = torch.utils.data.DataLoader(train_subset, batch_size=64,
shuffle=True)
    validloader = torch.utils.data.DataLoader(valid_subset, batch_size=64,
shuffle=False)
    #训练并验证模型，调用 train_and_validate 进行训练和验证，训练 50 轮
    train_losses, valid_losses, train_accuracies, valid_accuracies
= train_and_validate(model, trainloader, validloader, epochs=50)
```

模型训练过程如图 6-4 所示。

```
Epoch 1/50: Train Loss: 0.1836, Train Acc: 94.41%, Valid Loss: 0.0681, Valid Acc: 97.98%
Epoch 2/50: Train Loss: 0.0494, Train Acc: 98.46%, Valid Loss: 0.0547, Valid Acc: 98.34%
Epoch 3/50: Train Loss: 0.0335, Train Acc: 98.99%, Valid Loss: 0.0492, Valid Acc: 98.68%
Epoch 4/50: Train Loss: 0.0248, Train Acc: 99.17%, Valid Loss: 0.0419, Valid Acc: 98.84%
Epoch 5/50: Train Loss: 0.0182, Train Acc: 99.41%, Valid Loss: 0.0419, Valid Acc: 98.83%
Epoch 6/50: Train Loss: 0.0141, Train Acc: 99.54%, Valid Loss: 0.0423, Valid Acc: 99.01%
Epoch 7/50: Train Loss: 0.0104, Train Acc: 99.68%, Valid Loss: 0.0490, Valid Acc: 98.76%
Epoch 8/50: Train Loss: 0.0088, Train Acc: 99.72%, Valid Loss: 0.0494, Valid Acc: 98.81%
Epoch 9/50: Train Loss: 0.0099, Train Acc: 99.66%, Valid Loss: 0.0478, Valid Acc: 98.78%
Epoch 10/50: Train Loss: 0.0075, Train Acc: 99.77%, Valid Loss: 0.0496, Valid Acc: 98.92%
```

图 6-4 模型训练过程

5. 模型测试

测试模型：用测试集评估模型性能，计算准确率。核心代码如下：

```
#模型测试
deftest(model, testloader):
    model.eval()
    #存储所有真实标签和预测标签
    all_labels, all_predictions = [], []
    with torch.no_grad():
    #遍历测试数据加载器
    for images, labels in testloader:
        outputs = model(images)
        _, predicted = torch.max(outputs, 1)
        #将真实标签添加到 all_labels 列表中，并转换为 NumPy 数组
        all_labels.extend(labels.cpu().numpy())
        #将模型预测值添加到 all_predictions 列表中，并转换为 NumPy 数组
        all_predictions.extend(predicted.cpu().numpy())
        #使用 accuracy_score 函数计算准确度
    test_accuracy = accuracy_score(all_labels, all_predictions) * 100
```

```
        print(f'Test Accuracy: {test_accuracy:.2f}%')
        return all_labels, all_predictions, test_accuracy
    #调用函数
    all_labels, all_predictions, test_accuracy = test(model, testloader)
```

6. 绘制图表

（1）绘制训练和验证损失图像、训练和验证精度图像。核心代码如下：

```
    fig, axes = plt.subplots(1, 2, figsize=(14, 5))
    #训练和验证损失图像
    axes[0].plot(train_losses, label='Train Loss', marker='o', linestyle='-')
    axes[0].plot(valid_losses, label='Validation Loss', marker='s',
linestyle='--')
    axes[0].set_title('Training & Validation Loss')
    axes[0].set_xlabel('Epochs')
    axes[0].set_ylabel('Loss')
    axes[0].legend()
    #训练和验证精度图像
    axes[1].plot(train_accuracies, label='Train Accuracy', marker='o',
linestyle='-')
    axes[1].plot(valid_accuracies, label='Validation Accuracy', marker='s',
linestyle='--')
    axes[1].set_title('Training & Validation Accuracy')
    axes[1].set_xlabel('Epochs')
    axes[1].set_ylabel('Accuracy (%)')
    axes[1].legend()
    plt.show()
```

绘制的训练和验证损失图像、训练和验证精度图像如图 6-5 所示。

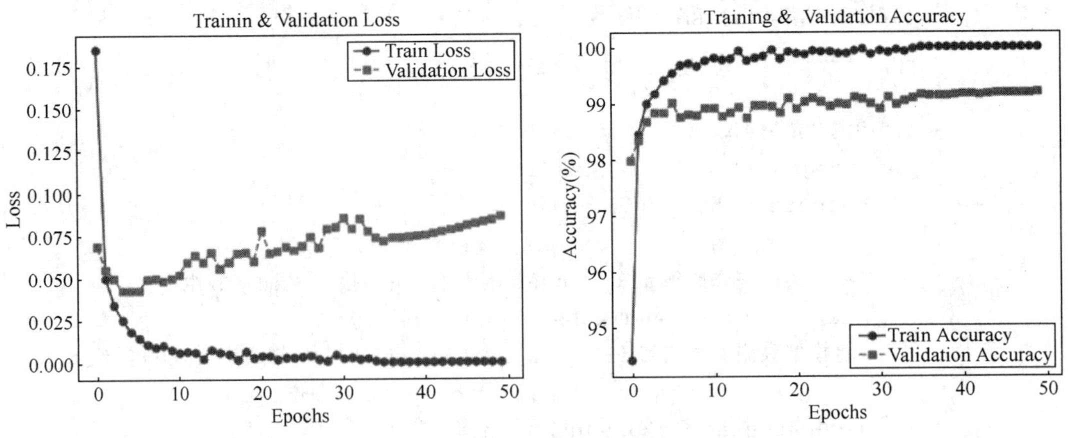

图 6-5 训练和验证损失图像、训练和验证精度图像

（2）绘制混淆矩阵图像。核心代码如下：

```
    #创建一个包含一个子图的画布，其中 fig 表示整个图像，axes 是一个轴对象。设置图像大小为(10, 5)
    fig, axes = plt.subplots(1, 1, figsize=(10, 5))
    #使用 seaborn 库的 heatmap 函数创建混淆矩阵的热力图
    #计算真实标签与预测标签之间的混淆矩阵
    sns.heatmap(confusion_matrix(all_labels, all_predictions), annot=True, fmt='d', cmap='Blues', xticklabels=range(10), yticklabels=range(10), ax=axes[1, 0])
    #设置子图的标题并显示测试准确度的百分比值
    axes[1, 0].set_title(f'Confusion Matrix\nTest Accuracy: {test_accuracy:.2f}%')
    #显示绘制好的混淆矩阵热力图
    plt.show()
```

绘制的混淆矩阵图像如图 6-6 所示。

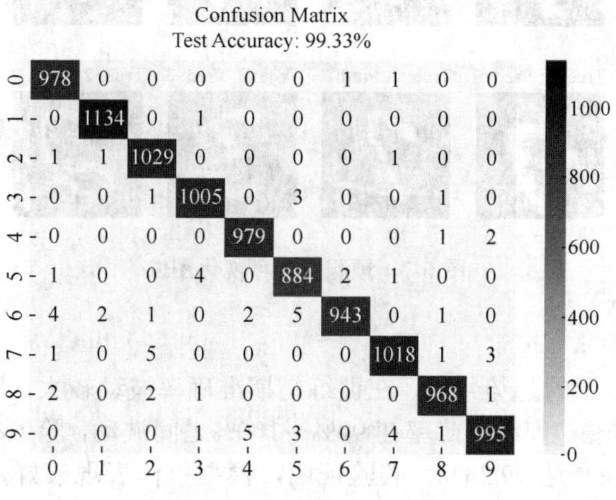

图 6-6　混淆矩阵图像

（3）绘制预测结果可视化图像。核心代码如下：

```
    import random
    defvisualize_predictions():
    #创建一个包含 2 行 6 列子图的画布，设置图像大小为(10, 4)
        fig, axes = plt.subplots(2, 6, figsize=(10, 4))
        model.eval()
        with torch.no_grad():
            for i inrange(12):
                #随机选择一个索引，用于获取测试数据集中的图像和标签
                index = random.randint(0, len(testset)-1)
                #通过索引从测试数据集中获取一个图像和对应的标签
                image, label = testset[index]
                output = model(image.unsqueeze(0))
```

```
            _, predicted = torch.max(output, 1)
            #显示绘制后的图像
            ax = axes[i // 6, i % 6]
            ax.imshow(image.squeeze(), cmap='gray')
            ax.set_title(f'True: {label}, Pred: {predicted.item()}')
            ax.axis('off')
    plt.show()
    #调用 visualize_predictions 函数，执行预测结果的可视化
    visualize_predictions()
```

预测结果可视化图像如图 6-7 所示。

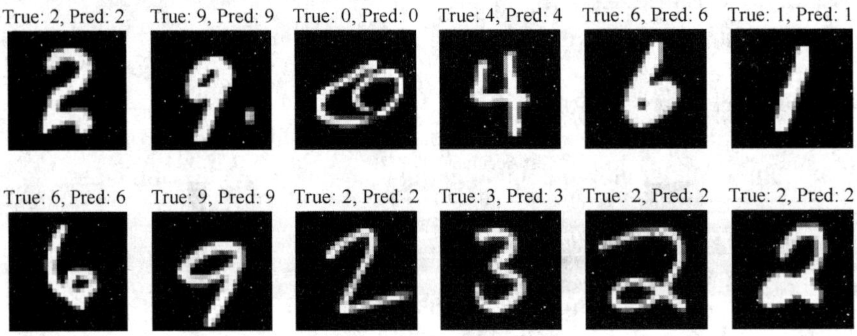

图 6-7　预测结果可视化图像

6.1.4　实验结果

根据上述图像显示的趋势判断，在训练初期准确率波动较大，但随着训练轮数的增加，模型状态趋于平稳。训练准确率在 99%～100%之间波动，验证准确率在 98%～99%之间波动，测试结果高达 99.33%。实验证明，模型整体表现较好，但在验证集上的表现可能存在一定的过拟合情况。为了进一步提高模型的泛化能力，可以尝试使用正则化技术或调整模型结构。

6.2　猫狗目标检测

实验目的

（1）掌握深度学习模型的训练和评估方法，使其能够自动识别和定位图像中的猫和狗。

（2）掌握目标检测的核心技术，同时理解数据标注和模型训练的完整流程。

（3）掌握模型性能评估指标，能够利用精确率、召回率和平均精度均值（mAP）等指标衡量检测效果。

（4）为多类别目标检测任务打下基础，同时深化对计算机视觉和深度学习技术的实际理解。

实验内容

6.2.1 数据集介绍

如图 6-8 所示，本实验所采用的数据集来自 Kaggle 平台的公开数据集 Dog and Cat Detection。Dog and Cat Detection 是用于训练和评估目标检测模型的经典数据集，专注于识别图像中的猫和狗，并准确定位它们的位置。该数据集一共包含 3686 张带标注的猫狗图像，像素大小不一。

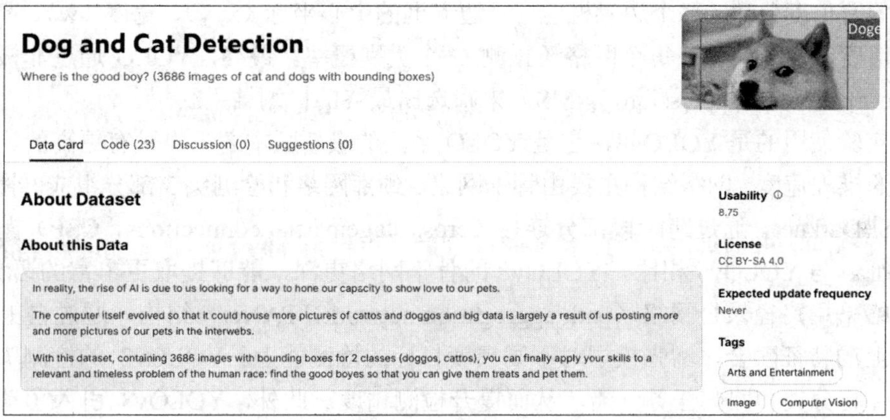

图 6-8 Kaggle 平台的公开数据集 Dog and Cat Detection

6.2.2 环境配置

本实验旨在使用 YOLO 算法实现基础的猫狗目标检测。将在 Google Colab 云平台上训练模型、评估性能，并可视化检测结果。

主要使用的库如下。

（1）Matplotlib：经典的可视化库，广泛应用于绘制图表、曲线和图像。

（2）Ultralytics：YOLO 官方团队推出的一个开源工具包，可以完成目标检测和计算机视觉的一系列任务，以 YOLO 系列模型著称，尤其是 YOLOv5 和 YOLOv8。它简化了复杂的模型训练、推理和评估流程，可快速上手目标检测任务，非常适合新手。该工具包的核心优势如下。

（1）易用性：简单的 Python 接口，只需调用几行代码即可训练和推理。

（2）预训练模型：提供大量的预训练权重，如 YOLOv8n、YOLOv8s，适合不同性能需求。

（3）高性能：支持 GPU 加速，轻松处理实时任务。

下载 Ultralytics 库的代码如下：

```
#下载并加载库
!pip install ultralytics
from ultralytics import YOLO
```

6.2.3 具体实验过程

1. 模型介绍

YOLO 是一种流行的实时目标检测算法。与传统的目标检测方法（如 R-CNN 系列）不同，YOLO 将目标检测问题视为一个回归问题，直接在图像上进行边界框预测和类别分类。YOLO 的主要优势在于其速度快，能够保持较高准确率的同时实现实时检测。

YOLO 的核心思想是将输入图像划分为 S×S 的网格，每个网格负责预测 B 个边界框和相应的置信度分数。每个边界框包含：边界框的中心坐标（x, y）、宽度（w）、高度（h）以及置信度分数。此外，每个网格还预测 C 个类别概率。最终，YOLO 通过非极大值抑制（non-maximum suppression，NMS）来筛选出最终的检测结果。

本实验使用的是 YOLOv8，它是 YOLO 系列的最新版本之一，具有更高的检测精度和更快的推理速度。网络结构主要由骨干网络、颈部网络和检测头 3 部分组成。骨干网络基于 CSPDarknet，通过跨阶段部分连接（cross stage partial connections，CSP）提取多层次的特征。与 YOLOv5 相比，YOLOv8 的骨干网络更深，能够提取更丰富的语义信息。颈部网络采用路径聚合网络（path aggregation network，PANet）结构，通过自上而下和自下而上的特征融合，增强模型对不同尺度目标的检测能力。YOLOv8 的检测头采用解耦设计，将分类和回归任务分离，从而提升检测精度。此外，YOLOv8 引入了动态标签分配策略，在训练过程中动态调整正负样本的分配。

YOLOv8 提供了多种预训练模型，用户可以根据需求选择合适的模型尺寸。本实验采用 YOLOv8n 版本，具体版本信息如下。

YOLOv8n：轻量级模型，适合移动端和嵌入式设备。

YOLOv8s：平衡速度和精度模型，适合通用场景。

YOLOv8m：中等规模模型，适合有高精度需求的场景。

YOLOv8l：大规模模型，适合对精度要求极高的场景。

YOLOv8x：最大模型，适合研究和高性能计算。

2. 数据集处理

Dog and Cat Detection 数据集包含大量猫和狗的图片，每张图片都标注了目标的位置和类别，每张图片对应一个 XML 文件，包含目标的边界框坐标和类别信息。由于该数据集提供的标注格式不是 YOLO 的标注格式，因此在使用 YOLO 模型进行训练之前，需要对数据集进行预处理，将标注格式转换为 YOLO 所需的格式。YOLO 的标注格式为每张图片对应一个 txt 文件，格式如图 6-9 所示。

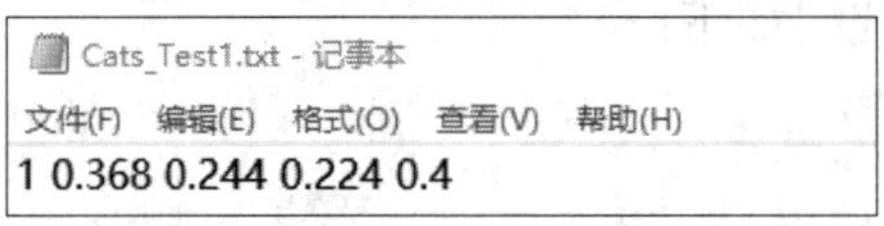

图 6-9 每张图片对应一个 txt 文件

txt 文件中每一行表示一个目标，包含类别编号（第一个数字）和归一化的边界框坐标（中心 x、中心 y、宽度 w、高度 h）。若出现多行，则表示有多个检测目标。以下是数据集预处理的代码示例：

```
import os
import xml.etree.ElementTree as ET
defconvert_annotation(xml_file, output_txt):
    tree = ET.parse(xml_file)
root = tree.getroot()
    withopen(output_txt, 'w') as f:
        for obj in root.findall('object'):
            cls = obj.find('name').text
            if cls == 'cat':
                cls_id = 0
            elif cls == 'dog':
                cls_id = 1
            else:
                Continue
```

将预处理后的数据集划分为训练集和验证集，其中训练集 3001 张，验证集 685 张，并修改目录结构如下：

```
#目录结构举例
Cats_dogs_dataset
        images
            train
                Cats_Test0.png
            val
                Cats_Test3010.png
        labels
            train
                Cats_Test0.txt
            val
                Cats_Test3010.txt
     data.yaml
```

cats_dogs_dataset 数据集文件夹中包含 images、labels 两个文件夹及 data.yaml 配置文件，images 文件夹包含 train 和 val 两个子文件夹（作为训练集和验证集），里面存储猫狗目标图片，labels 文件夹存放对应的标注文件。data.yaml 配置文件的内容如下：

```
#data.yaml 内容示例
train: ./images/train
val: ./images/val
nc: 2
names: ['cat', 'dog']
```

3. 加载数据和模型

核心代码如下：

```
#加载模型
model = YOLO('yolov8n.pt')
#数据路径配置
dataset_path = '/content/drive/MyDrive/cat_dog_detection/cats_dogs_dataset/data.yaml'
```

加载数据集的过程如图 6-10 所示。

```
Downloading https://github.com/ultralytics/assets/releases/download/v8.3.0/yolov8n.pt to 'yolov8n.pt'...
100%|█████████████| 6.25M/6.25M [00:00<00:00, 74.9MB/s]
```

图 6-10　数据集加载过程

4. 模型训练

核心代码如下：

```
#训练模型,并修改训练过程日志的保存路径
results = model.train(data=dataset_path, epochs=50,
batch=8,project='/content/drive/MyDrive/cat_dog_detection', name='cat_dog_experiment')
```

加载数据集的过程如图 6-11 所示。

```
Epoch   GPU_mem   box_loss   cls_loss   dfl_loss  Instances       Size
 1/50     1.11G      1.103      2.053       1.38          4        640: 100%|█████████████| 376/376 [08:43<00:00,  1.39s/it]
          Class     Images  Instances      Box(P          R      mAP50  mAP50-95): 100%|█████████████| 43/43 [00:12<00:00,  3.40it/s]
            all        685        685      0.728      0.678      0.749        0.5

Epoch   GPU_mem   box_loss   cls_loss   dfl_loss  Instances       Size
 2/50      1.1G      1.182      1.574      1.424          1        640: 100%|█████████████| 376/376 [01:26<00:00,  4.36it/s]
          Class     Images  Instances      Box(P          R      mAP50  mAP50-95): 100%|█████████████| 43/43 [00:09<00:00,  4.43it/s]


Epoch   GPU_mem   box_loss   cls_loss   dfl_loss  Instances       Size
 3/50      1.1G      1.199      1.377      1.407          4        640: 100%|█████████████| 376/376 [01:25<00:00,  4.39it/s]
          Class     Images  Instances      Box(P          R      mAP50  mAP50-95): 100%|█████████████| 43/43 [00:09<00:00,  4.54it/s]
            all        685        685      0.813      0.767      0.894      0.631

Epoch   GPU_mem   box_loss   cls_loss   dfl_loss  Instances       Size
 4/50     1.09G      1.182      1.242      1.404          1        640: 100%|█████████████| 376/376 [01:25<00:00,  4.41it/s]
          Class     Images  Instances      Box(P          R      mAP50  mAP50-95): 100%|█████████████| 43/43 [00:09<00:00,  4.40it/s]


Epoch   GPU_mem   box_loss   cls_loss   dfl_loss  Instances       Size
 5/50     1.09G      1.139      1.148      1.371          3        640: 100%|█████████████| 376/376 [01:24<00:00,  4.45it/s]
          Class     Images  Instances      Box(P          R      mAP50  mAP50-95): 100%|█████████████| 43/43 [00:10<00:00,  4.18it/s]
            all        685        685      0.863      0.875      0.935      0.684
```

图 6-11　模型训练过程

5. 模型评估

核心代码如下：

```
metrics = model.val()
print(metrics)
```

模型评估过程及结果如图 6-12、表 6-1 所示。

```
val: Scanning /content/drive/MyDrive/2.19/cats_dogs_dataset/labels/val.cache... 685 images, 0 backgrounds, 0 corrupt: 100%|██████████| 685/685 [00:00<?, ?it/s]
                 Class     Images  Instances      Box(P          R      mAP50  mAP50-95): 100%|██████████| 86/86 [00:14<00:00,  5.73it/s]
                   all        685        685      0.992      0.969      0.994       0.91
                   cat        225        225      0.995      0.967      0.995      0.942
                   dog        460        460      0.988      0.972      0.994      0.878
Speed: 0.7ms preprocess, 6.2ms inference, 0.0ms loss, 1.6ms postprocess per image
Results saved to /content/drive/MyDrive/2.19/cat_dog_experiment2
ultralytics.utils.metrics.DetMetrics object with attributes:
```

图 6-12　模型评估过程

表 6-1　模型评估结果

评价指标	precision	recall(B)	mAP50	mAP50-95
数值	0.9916	0.9693	0.9941	0.9097

6. 训练损失和验证损失可视化

核心代码如下：

```
import pandas as pd
#读取训练日志
log_path = '/content/runs/detect/train/exp/results.csv'
log_df = pd.read_csv(log_path)
#绘制 loss 曲线
plt.figure(figsize=(10, 6))
plt.plot(log_df['epoch'], log_df['train/box_loss'], label='Train Box Loss')
plt.plot(log_df['epoch'], log_df['val/box_loss'], label='Val Box Loss')
plt.plot(log_df['epoch'],  log_df['train/cls_loss'],  label='Train
Class Loss')
plt.plot(log_df['epoch'], log_df['val/cls_loss'], label='Val Class Loss')
plt.xlabel('Epoch')
plt.ylabel('Loss')
plt.title('Training and Validation Loss')
plt.legend()
plt.grid()
plt.show()
```

训练损失和验证损失可视化如图 6-13 所示，这样就可以清晰地看到模型在训练过程中的损失变化，有助于判断模型是否收敛，以及是否存在过拟合现象。

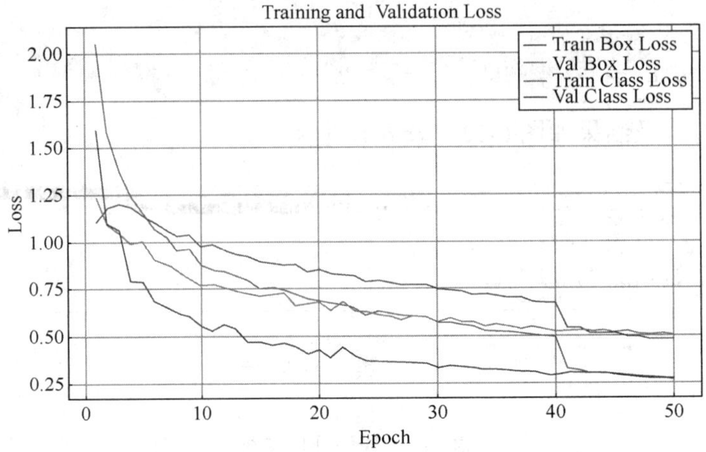

图 6-13 训练损失和验证损失可视化

7. 结果预测并可视化

核心代码如下：

```
    #加载图像，可以修改图像路径进行不同猫狗图像预测
    image_path = '/content/drive/MyDrive/cat_dog_detection/Cats_Test3020.png'
    #预测图像，并修改预测图像保存路径
    results = model.predict(image_path, save=True,project="/content/ drive/
MyDrive/cat_dog_detection", name="test_results")
    #直接显示保存好的图片
    result_img_path = '/content/drive/MyDrive/cat_dog_detection/test
_results/Cats_Test3020.png'
    img = cv2.imread(result_img_path)
    if img isNone:
        print(f"Failed to load image at {result_img_path}")
    else:
        plt.imshow(cv2.cvtColor(img, cv2.COLOR_BGR2RGB))
        plt.axis('off')
        plt.show()
```

实验预测结果可视化，如图 6-14 所示。

图 6-14 预测结果可视化

8. 实验结果

mAP50 和 mAP50-95 是目标检测任务中常用的评价指标。mAP50 是指当 IoU 阈值为 0.5 时计算的 mAP，其特点是对边界框定位精度要求较低，适合对目标位置要求不严格的任务。mAP50-95 是指当 IoU 阈值为 0.5～0.95 之间时计算每个阈值下的 mAP，再取平均值，该指标对边界框定位精度要求较高，能够更全面地反映模型的性能。

经过 50 个 epoch 的训练，模型的损失函数逐渐收敛，最终在验证集上的 mAP50 达到了 99.41%，mAP50-95 达到了 90.97%。从结果可以看出，模型在较低 IoU 阈值下表现较好，但在较高 IoU 阈值下性能有所下降，说明模型的边界框定位精度还可以提高。

从测试可视化图像上可以看出，模型能够准确地检测出猫和狗的位置，并给出相应的类别标签及预测率。综上所述，YOLOv8 在本次猫狗目标检测任务上表现良好，能够实现较高的检测精度和较快的推理速度，但仍有提升空间。可以考虑使用更大的数据集或更复杂的模型（如 YOLOv8l）来进一步提高检测性能。

参 考 文 献

范文豪，2020．基于深度学习的低分辨率人脸识别[D]．南京：南京邮电大学．

付莹，2024．计算机视觉基础[M]．北京：清华大学出版社．

孔志勇，2023．Windows 11 实用教程[M]．北京：人民邮电出版社．

彭小红，张良均，2022．深度学习与计算机视觉实战[M]．北京：人民邮电出版社．

嵩天，黄天羽，杨雅婷，2024．Python 语言程序设计基础[M]．3 版．北京：高等教育出版社．

宋翔，2021．Access 数据库创建、使用与管理从新手到高手[M]．北京：清华大学出版社．

王珊，杜小勇，陈红，2023．数据库系统概论[M]．6 版．北京：高等教育出版社．

谢希仁，2021．计算机网络[M]．8 版．北京：电子工业出版社．

战德臣，张丽杰，2024．计算机科学导论：计算+、互联网+与人工智能+[M]．北京：高等教育出版社．

张珂，冯晓晗，郭玉荣，等，2021．图像分类的深度卷积神经网络模型综述[J]．中国图像图形学报，26（10）：2305-2325．

赵广辉，李敏之，邵艳玲，2021．Python 程序设计基础[M]．北京：高等教育出版社．

赵宏，2021．深度学习基础教程[M]．北京：机械工业出版社．